KB004343

스페셜티 커피,
샌프란시스코에서 성수까지

그 특별한 맛의 시작과 문화, 사람들의 이야기

스페셜티 커피, 샌프란시스코에서 성수까지

그 특별한 맛의 시작과 문화, 사람들의 이야기

초판 1쇄 발행 | 2022년 5월 15일
초판 3쇄 발행 | 2023년 1월 5일

지은이 | 심재범 · 조원진
펴낸곳 | 도서출판 따비
펴낸이 | 박성경
편 집 | 신수진, 정우진
디자인 | 이수정
출판등록 | 2009년 5월 4일 제2010-000256호

주소 | 서울시 마포구 월드컵로28길 6(성산동, 3층)
전화 | 02-326-3897
팩스 | 02-6919-1277
메일 | tabibooks@hotmail.com
인쇄 · 제본 | 영신사

ISBN 979-11-92169-08-8 03590
값 18,000원

스페셜티 커피,
샌프란시스코에서 성수까지

그 특별한 맛의
시작과 문화,
사람들의 이야기

심재범 · 조원진 지음

Part 2

스페셜티 커피가 무엇이냐고 물으신다면

Part 3

이곳에 당신이 원하는 커피가 있다

들어가며

스페셜티 커피의 특별함에 관하여

특별함은 어디에서 오는 것일까? 어떤 커피가 특별하다는 수식어를 부여받을까? 일반적으로 스페셜티 커피에 관한 정의를 내릴 때는 숫자가 등장한다. 상위 몇 퍼센트에 속한다거나 몇 점 이상의 점수를 받아야 한다는 기준이 명확하게 존재하기 때문이다. 하지만 그 수치가 '특별하다'는 단어를 모두 설명하지는 않는다. 특별함을 부여하는 그 기준으로 언제 어디서나 명확하게 스페셜티 커피를 분별해낼 수도 없다. 스페셜티 커피를 나누는 기준은 그 개념이 처음 등장한 이래 계속 변화해왔다. 오늘의 특별함은 어제의 특별함과 다르다. 특별한 순간이 어떤 수치나 등급으로 정해질 수 있다면 스페셜티 커피 산업이 이만큼 성장할 수 없었을 것이다.

특별함은 수치에만 국한되지 않았다. 스페셜티 커피는 그것을 볶아내고, 추출하고, 마시는 과정에만 머무르지 않는다. 땅에서 커피나무의 싹이 트고 농민과 만나는 순간부터 특별한 커피의 여정이 시작된다. 스페셜티 커피는 그 여정이 모두 추적가능하며 모든 순간에 전문가의 손길을 거친다. 그리하여 추적가능성Traceability과 전문성Professionalism은 스페셜티 커피를 이해하는 가장 중요한 키워드가 된다.

스페셜티 커피라는 개념이 탄생하고, 협회가 만들어지고, 산업이 성장해왔지만, 아직도 많은 커피가 이 특별한 기준에 들지 못한다. 대부분의 커피 가격은 아직도 뉴욕 선물거래소에서 결정되며, 50년 전의 등락 폭에서 벗어나지 못하고 있다. 그 사이 커피 산업은 보다 높은 난이도의 위기에 직면해 있다. 최근에는 세계적인 전염병의 유행과 경제위기, 환경오염으로 그 어느 때보다 비관적인 미래를 그릴 수밖에 없게 되었다. 당장 내일 커피가 사라진다 해도 어색하지 않은 시대가 도래했다.

커피 산업이 오랫동안 지속가능하기 위해서는 보다 폭넓은 특별함이 필요하다. 상업적이고 정치적인 기준으로만 커피의 등급을 나누지 않고, 한 잔의 커피를 위해 쓰이는 모든 노력이 그에 걸맞은 가치를 인정받아야 한다. 특별함이 지금보다 더 많은 것을 포용해야 커피 산업이 지속될 수 있다. 지속가능한 커피 산업의 미래를 위해 스페셜티 커피의 시작부터 지금까지의 모습을 기록해야겠다고 생각한 이유가 바로 이것이다. 무엇이 특별한 커피를 만들어왔는지 알아야 앞으로도 커피가 더 많은 이들과 더욱 특별한 순간을 만들어낼 수 있기 때문이다.

커피 평론가이자 이미 커피에 관한 책 네 권을 쓴 심재범 작가는 커피에 평론과 글이 전무했던 시절에 만난 인연이다. 누구보다 진심으로 커피를 사랑하며 그것이 가진 진정한 가치를 전하기 위해 오랫동안 노력을 아끼지 않은 분이다. 언젠가 함께 책을 써보자고 했던 약속이 실제 작업으로 이어진 것은 2년 전의 일이다. 스페셜티 커피 산업이 큰 파도를 일으켰던 1990년대 후반부터 지금에 이르기까지, 심재범 작가와 내가 보고, 듣고, 경험했던 이야기를 정리하기 시작했다. 앞으로 더 오랜 시간 커피를 즐길 수 있기를 바라는 마음으로.

커피는 그 탄생부터 누군가의 입을 통해 전해 내려왔다. 때문에 그 역사를 기록한 흔적은 커피가 가진 천년의 역사에 비해 넉넉하지 못하다. 스페셜티 커피에 관한 이야기도 대부분 그렇다. 이 이야기를 시작하기 위해 우리는 스페셜티 커피 산업에 종사하는 수많은 사람을 직접 찾아가 인터뷰했고, 그들이 어딘가에 적어둔 역사와 생각을 옮겨 적었다. 스페셜티 커피를 주제로 한 서적과 외신 기사, 업체 홈페이지를 통해 정보를 수집하고 기록했다. 이렇게 모은 정보를 바탕으로 30년에 가까운 스페셜티 커피의 역사와 문화를 이 한 권에 엮었다.

앞으로 풀어낼 이야기가 완벽한 역사라고 생각하지 않는다. 우리가 기록한 어떤 순간에, 누군가는 동의하지 않을 수 있다. 또 시간이 흘러 수정되어야 하는 부분이 나올 수 있다. 그럼에도, 언젠가는 기록해야 하는 것들이라 생각한다. 커피의 역사가 그러했던 것처럼, 누군가의 입을 통해 우리의 이야기가 다시 전해지고 기록되기를 바란다. 더 많은 사람들이 커피를 사랑하고 더 오랜 시간 커피를 마실 수 있기를 바란다.

2022년 5월

조원진

Part 1

커피 산업의 현재와 미래, 그리고 스페셜티 커피

1장

스페셜티 커피의 시작

커피 제3의 물결,
스페셜티 커피의 시대

지금까지 경험하지 못한 새로운 미래의 움직임을 논할 때 '제3의 물결The Third Wave'이라는 표현이 등장한다. 미국의 미래학자 앨빈 토플러가 1980년에 낸 저서 《제3의 물결》에서 농업혁명과 산업혁명을 거쳐 정보화사회가 다가오고 있다고 말하며 '제3의 물결' 개념을 정의했다. 이후 '제3의 물결'을 정의하려는 움직임이 민주주의와 여성주의, 심지어 서비스 분야에서 이뤄졌다. 역사이거나 역사가 될 운명을 제1, 2의 물결로 규정하고, 다가올 새로운 파도에 귀를 기울여야 하는 시기를 마주했기 때문이다.

커피 산업에서 '제3의 물결'이 모습을 드러낸 것은 1999년의 일이다. 미국의 커피 중개업자 티머시 캐슬Timothy Castle이 커피와 차를 유통 중심으로 다루는 매거진 《티앤커피 트레이드 저널 아시아Tea&Coffee Trade Journal Asia》에서 커피 품질을 논할 때 이 단어를 사용한 것이다. 그러나 본격적으로 '커피 제3의 물결'을 논의해야 한다고 주장한 사람은 트리시 로스갭Trish Rothgeb이다. 샌프란시스코에서 활동하는 커피인 로스갭이 2002년 미국스페셜티커피협회SCAA 뉴스레터에 노르웨이에서 열린 월드바리스타챔피언십의 후일담을 기고하며, 대회가 촉발한 커피에 대한 엄밀한 접근이 새로운 물결을 만들고 있다고 주장했다.

때는 미국과 유럽의 대형 커피 체인이 세계 여러 도시를 장악해 '커피 제2의 물결'이 정점을 찍은 시점이기도 했다. 트리시 로스갭은 색도계로 커피의 색깔을 구분하는 등 더 나은 커피 추출을 위해 과학을 동원하는 새로운 흐름을 '제3의 물결'로 규정하고, 바리스타와 로스터에게 더 많은 전문성을 요구하는 이 흐름이 적어도 노르웨이 커피 업계에는 새로운 패러다임을 제시할 것이라는 팀 웬델보Tim Wendelboe의 말을 인용했다.

'어쩌면 한정된 국가의 커피 업계에 새로운 패러다임이 될 수 있을 것'이라는 이 소극적 주장은, 2008년에는 보다 폭넓고 구체화된 개념이 되었다. 퓰리처상을 수상하기도 했던 식품 평론가 조너선 골드Jonathan Gold가 《LA위클리LA Weekly》에 다음과 같이 커피의 세 단계 물결에 대해 정의 내리면서부터다. 그가 규정한 커피 산업의 흐름은 다음과 같다.

제1의 물결

19세기, 미국의 전 가정의 식탁 위에 폴저스Folgers(미국에서 상업적으로 가장 성공한 인스턴트커피 브랜드)가 놓이게 된 것처럼, 커피가 전 세계에 급격하게 퍼지게 된 시대

제2의 물결

1960년대 에스프레소를 기반으로 한 음료들이 확장하는 시기로, 피츠커피Peet's Coffee의 등장부터 스타벅스의 그란데 사이즈 디카페인 카페라테처럼 다양한 메뉴와 선택권이 소비자에게 주어지기까지의 흐름, 그리고 다양한 국가와 지역에 커피 브랜드가 생겨나기 시작한 시대

제3의 물결

커피 생두를 국가 단위로 구매해 개성을 살리지 않고 볶아내던 이전 시대와 달리, 농장 단위로 생두를 구매하고 각각의 특성이 잘 드러나도록 로스팅하기 시작한 시대

조너선 골드는 다가오는 이 커피의 흐름에 관해 이렇게 말한다.

커피의 새로운 얼굴은 콜롬비아의 후안 발데스Juan Valdez*도, 껌을 씹으며 서빙하는 매지Madge라는 이름의 웨이트리스도, 스타벅스의 하워드 슐츠Howard Schultz도 아닌, 가벼운 셔츠를 입고 뾰족하게 세운 머리칼로 지미 페이지Jimmy Page가 기타를 연주하듯 긴 손가락으로 화려하게 사이펀을 사용해 인도네시아 수마트라 피베리 커피를 내리는 쓰노Tsuno라는 이름의 바리스타와 그가 내리는 커피를 경이롭게 바라보는 손님이다.

바야흐로 인스턴트커피나 프랜차이즈, 체인 브랜드의 커피처럼 똑같은 맛의 커피에 취향을 맞추는 시대에서, 마시는 사람뿐 아니라 커피를 만드는 사람의 취향과 개성을 존중하는 스페셜티 커피의 시대가 되었다.

커피 산업에 자본이 유입하면서 업체들이 앞다퉈 농장 단위로 고품질의 재료를 수급하게 되었고, 다양한 문화적 배경을 가진 소비자들이 등장해 품질을 비교하며 커피를 소비하기 시작했다. 커피의 품종과 재배한 농장, 가공 방법까지, 한 잔의 커피에 관한 모든 정보를 분명하게 추적할 수 있고, 씨앗부터 한 잔의 커피가 완성되기까지 모든 가치사슬에 전문가가 개입하는 스페셜티 커피가 산업에 혁명을 일으키는 주체가 된 것이다.

* 후안 발데스는 1958년 콜롬비아커피생산자조합의 광고에서 처음 등장한 가공의 인물로, 콜롬비아의 커피 재배 농민을 상징한다.

Alana's
COFFEE ROASTERS

COGNOSCENTI
COFFEE

1974년 커피 수입업자 에르나 크누첸Erna Knutsen이 매거진 《티앤커피 트레이드 저널Tea&Coffee Trade Journal》에서 자신이 직거래하는 커피의 품질을 강조하기 위해 처음으로 스페셜티 커피라는 개념을 사용한 지 30년, 1982년 샌프란시스코의 작은 호텔에서 미국스페셜티커피협회가 결성된 지 20여 년이 흐른 후의 일이다.

미국 1세대
제3의 물결 카페의 등장

1980년대 미국 최고의 시트콤이었던 〈치어스Cheers〉는 은퇴한 메이저리그 투수 샘 멀론이 차린 보스턴의 선술집을 배경으로 한다. 하지만 그 영광을 이어받은 1990년대의 시트콤 〈프렌즈Friends〉는 술집보다는 카페를 중심으로 이야기를 펼쳐낸다. 1990년대의 커피 산업도 시트콤에서처럼 카페를 생활 공간의 일부로 여기는 사람들이 늘어나면서 급격하게 성장한다. 스타벅스와 같은 카페들이 그들을 가장 먼저 받아들이면서 '제2의 물결'을 주도했다.

하지만 표준화된 프랜차이즈 카페는 변화의 흐름을 따라가며 다양한 사람들의 취향을 만족시키기에는 부족할 수밖에 없었다. 때마침 커피 산지와 밀접하게 관계를 맺어 커피 생두를 구매하고, 그럼으로써 고품질의 스페셜티 커피를 제공하는 카페들이 등장했다. 이 카페들은 남다른 전략으로 소비자의 까다로운 취향을 만족시키며 각 지역에 스페셜티 커피 팬들을 만들어내기 시작했다. 이런 카페들을 일러 '1세대 제3의 물결 카페'라 부르는데, 시카고의 인텔리젠시아, 포틀랜드의 스텀타운, 노스캐롤라이나의 카운터컬처 등이 대표적이다.

인텔리젠시아커피앤티

1989년부터 캘리포니아에서 음료 사업을 했던 더그 젤Doug Zell은 커피 산업의 성장가능성을 일찍이 알아보고 샌프란시스코의 로스터리Roastery 스피넬리커피Spinelli Coffee에 입사했다. 젤은 커피 제2의 물결에서 중심에 있던 스피넬리에서 바리스타로 경력을 쌓으며 사업을 위한 자본금을 마련했다. 1995년, 젤은 파트너 에밀리 맨지Emily Mange와 함께 신선한 커피라고는 찾을 수 없었던 '커피 불모지' 시카고로 이주하여 '인텔리젠시아커피앤티Intelligensia Coffee&Tea'의 문을 열었다. 인텔리젠시아는 10명의 직원과 12kg 용량의 프로밧Probat L12가 전부였던 소규모 로스팅 공장이었지만, B2B 중심의 영업 전략으로 레스토랑과 카페에 원두를 공급했다. 그리고 곧 지역을 대표하는 로스터리로 이름을 알리기 시작했다.

배전도가 높아 중후한 맛과 쓴맛이 중심이 된 제2의 물결 커피와 달리, 인텔리젠시아의 커피는 과일에서 느낄 수 있는 강렬한 산미를 내세웠다. 또, 에스프레소가 중심이 되었던 이전 세대와 달리, 아시아

바리스타가 중심이 된
인텔리젠시아 베니스비치점

권에서 유행하는 핸드드립 방식을 변형한 푸어오버Pour Over 방식을 비롯해 케맥스, 카페솔로, 사이펀 등 다양한 브루잉 기구를 활용해 신선한 커피가 가진 본연의 향미를 구현하고자 했다. 커피 품질 향상을 위해 노력을 기울이던 인텔리젠시아는 결국 2000년부터 커피 산지를 방문하기 시작했고, 수년간의 노력 끝에 2003년에는 커피 농장과 직거래Direct Trade 계약을 맺을 수 있었다. 인텔리젠시아는 이렇게 구매한 커피에 '다이렉트 트레이드' 마크를 붙여 판매하기 시작했다.

매장은 인텔리젠시아의 커피를 보여주는 일종의 쇼룸으로, 브랜드의 정체성을 드러내는 데 집중했다. 지역 카페와 레스토랑에 원두를 납품하는 방식으로 규모를 키웠기에 브랜드에 대한 고객들의 신뢰를 높이는 일이 중요했기 때문이다. 100년이 넘는 벽돌 건물로 입점에 엄격한 제한기준을 둔 모나드녹Monadnock 빌딩에 들어선 매장은, 지역사회와 공생하는 지속가능한 커피 브랜드를 만들어가고자 하는 인텔리젠시아의 의지를 담았다. 로스엔젤레스 베니스비치점을 오픈할 때는 바리스타를 중심에 세운 바를 설계해 화제를 모았다. 기존의 매장들이 고객을 중심에 둔 설계를 한 것에 반해, 바리스타가 마치 무대 위에서 멋진 공연을 선보이듯 커피를 제조할 수 있는 공간을 만든 것이다. 이처럼, 각 지역의 기점이 되는 소수의 매장인 '브랜드 쇼룸'을 운영하는 전략은 향후 많은 스페셜티 커피 카페에 영향을 미치게 된다.

인텔리젠시아는 바리스타를 양성하는 트레이닝 센터도 운영하는

데, 높은 교육수준으로 유명하다. '바리스타 대학교'라고도 불리는 이들의 트레이닝 시스템은 미국을 대표하는 바리스타들을 배출해냈다. 대표적인 인물로 로스엔젤레스를 상징하는 카페인 지앤비G&B와 고겟엠타이거Go Get Em Tiger: GGET의 대표인 카일 글랜빌Kyle Glanville, 그리고 지금은 문을 닫은 핸섬커피Handsome Coffee의 대표였고 현재 블루보틀의 커피컬처 디렉터를 맡고 있는 마이클 필립스Michael Phillips가 있다. 두 바리스타는 인텔리젠시아 소속으로 미국 바리스타 챔피언이 되었으며, 마이클 필립스는 2010년 월드바리스타챔피언십에서도 우승 트로피를 들어 올렸다. 이 밖에도 많은 바리스타가 인텔리젠시아의 교육 시스템을 통해 성장했고, 훗날 미국 각 지역을 대표하는 카페들을 만들었다.

스텀타운커피

인텔리젠시아가 커피의 화려한 산미를 잘 드러내고 뛰어난 실력을 가진 바리스타들의 퍼포먼스로 각종 대회를 휩쓸었다면, 1세대 스페셜티 커피를 대표하는 또 다른 카페 스텀타운커피Stumtown Coffee는 질감을 잘 드러내면서도 균형감 있는 맛의 커피를 내세웠다. 또한 바리스타들은 상대적으로 대외 활동을 자제하며 내실을 다져왔다. 스텀타운은 고객들에게 자신의 이념과 방향성을 설명하기 위해 포틀랜드 벨몬트 거리에 테이스팅 룸을 오픈했는데, 소비자를 교육하고 커피에 관한 이해를 심어주는 접근 방식은 스텀타운의 철학을 엿볼 수 있는 한 부분이다.

스텀타운의 창립자 두에인 소렌슨Duane Sorenson은 농장과 유기적인 관계를 맺고 유기농 재료만을 취급하는 소시지 장인인 아버지를 보면서 자랐다. 이는 1970년대 당시에는 많지 않던 시도로, 커피를 제조하는 일에 꿈을 두었던 소렌슨은 아버지로부터 많은 영향을 받았다고 한다. 대학 시절부터 바리스타로 일하며 실력을 쌓던 그는 라이트하우스Lighthouse라는 이름의 카페에서 로스팅 책임자가 되었다. 그리고 1990년대 후반에는 1919년산 프로밧 로스터를 구입해 포틀랜드에 자리를 잡고 자신의 매장을 열었다.

'헤어벤더Hair Bender'는 스텀타운의 첫 블렌드 이름이자, 첫 매장이 위치한 곳의 원래 상호였다. 오래된 헤어살롱이 있던 자리에서 본격적인 영업을 시작한 이래, 스텀타운은 뛰어난 품질의 원두와 서비스로 커피 애호가들에게 손에 꼽히는 커피 브랜드가 됐다. 하지만 스텀타운은 인지도가 높아짐에도 섣부르게 확장에 나서지 않았다. 초창기 스텀타운은 3개의 매장만을 운영했으며, 현재도 도쿄 지점을 포함해 10개 남짓의 매장을 운영하고 있다. 소렌슨은 스텀타운의 가치가 변질되지 않도록, 커피 품질에 있어서도 엄격한 기준을 지킬 수 있을 정도로 사업의 규모를 통제하고 브랜드의 내실을 다져나갔다.

품질 유지를 위해 매장 오픈을 꺼렸음에도, 고객의 섬세한 취향에 귀 기울이는 스텀타운의 인기는 날이 갈수록 높아졌다. 커피 농장과

go get em tiger

의 직거래를 통해 고품질의 생두를 구입하는 것은 물론, 일정한 품질을 유지할 수 있도록 끊임없이 품질 관리를 했기 때문이다. 부티크 호텔 에이스와의 컬래버레이션 작업은 스텀타운의 이름을 더욱 널리 알리게 된 계기였는데, 상가에 입점하는 커피숍의 관행과 달리 스텀타운 뉴욕 매장은 독특하고 레트로한 에이스 호텔의 로비에 히든 바와 같은 개념으로 자리를 잡고 맨해튼의 명소가 되었다.

카운터컬처커피

1995년 브렛 스미스Brett Smith와 프레드 호크Fred Houk가 노스캐롤라이나 더럼Durham에 설립한 카운터컬처커피Counter Culture Coffee는 플래그십 스토어 수준의 트레이닝 공간만을 운영하며, B2B 중심의 영업으로 그 규모를 키웠다. 카운터컬처는 2005년이 되어서야 같은 주에 있는 샬럿Charlotte에 첫 위성 트레이닝 센터(지점)를 열었고, 이후 워싱턴, 애슈빌, 필라델피아, 보스턴, 애틀랜타, 시카고, 뉴욕, 샌프란시스코, 로스엔젤레스에 연이어 지점을 오픈했다. 지점 오픈은 신중하게 결정되었는데, 지역에 충분한 납품처를 확보해 고객 기반을 마련하고서야 지점을 열었다. 이 지점들은 일반인을 위한 커피 교육은 물론, 커피 업계에 종사하는 전문가를 위한 수업 및 각종 자격 발급을 담당하고 있다. 커피를 판매하는 일에 앞서 지역사회의 환경을 분석하고 교육을 제공해 지속가능한 커피 소비가 이뤄질 수 있도록 탄

탄한 기반을 마련하는 것이 그들의 전략이다. 이런 전략은 20년이 넘는 지금까지 카운터컬처가 스페셜티 커피 업계를 대표하는 교육장이자 로스터리로 남아 있게 했다.

실제로 뉴욕 스페셜티 커피 시장에 종사하는 대부분의 바리스타는 카운터컬처 교육 시스템의 수혜를 받았다. 특히, 뉴욕을 비롯해 미국 동부에 위치한 트레이닝 센터는 스페셜티 커피 산업 초반 바리스타들의 교류와 발전에서 중요한 계기를 마련했다는 평가를 받는다. 많은 카페가 매장 수를 늘리고 볼륨을 키우는 대형화 방식을 취했지만, 지금도 카운터컬처는 커피에 집중하는 전문가 그룹으로 활동하고 있다. 미국 제3의 물결 1세대를 대표하는 인텔리젠시아와 스텀타운이 캘리포니아를 기반으로 한 커피 기업 피츠커피앤티Peet's Coffe&Tea(모회사는 JAB 홀딩스)에 지분을 판매해 그 정체성을 잃어가고 있는 것과 대조되는 모습이다.

스페셜티 커피의 큰 흐름을 만들었던 인텔리젠시아, 스텀타운, 카운터컬처에 대한 평가는 분분하며, 새로운 스페셜티 커피 세력이 등장하면서 이들의 위상 또한 예전과 같지 않다. 하지만 이들 1세대 카페가 농장과의 직거래 기반을 다졌고, 브랜딩과 새로운 서비스의 도입, 교육 등을 통해 산업의 패러다임이 변화하는 계기를 제공했다는 점은 분명하다. 실제로 많은 커피인이 제3의 물결을 주도한 1세대 카페들의 영향을 받아 이 산업에 뛰어들었고, 소비자들도 새로운 변화의 흐름을 자연스럽게 받아들일 수 있었다.

스페셜티 커피의 골드러시, 샌프란시스코를 향하다

2000년대 초반 불었던 닷컴버블The Dot-com Bubble은 19세기의 골드러시 못지않게 샌프란시스코 경제를 성장시켰다. IT 업계 종사자가 기하급수적으로 늘었고 이들의 소비를 뒷받침할 문화적 인프라도 같이 성장했기 때문이다. 때마침 커피 업계에도 스페셜티 커피를 바탕으로 한 제3의 물결이 본격적인 성장의 길목에 들어섰고, 1세대 제3의 물결 카페에서 교육을 받거나 영향을 받아 새로운 브랜드가 탄생하게 된다. 블루보틀, 리추얼, 포베럴, 버브, 사이트글라스 등이 대표적으로, 이들을 2세대 제3의 물결 카페라고 부른다.

블루보틀커피컴퍼니

블루보틀커피Blue Bottle Coffee의 창업자 제임스 프리먼James Freeman은 닷컴버블에 힘입어 한 스트리밍 서비스 스타트업에 취업한 음악인이었다. 하지만 그 업체는 얼마 가지 않아 경영난으로 구조조정을 하게 되었고, 그는 하는 수 없이 퇴직금 1만 5,000달러를 들고 회사를

Y
BLDG
BOTTLE
COFFEE
BLUE

나왔다. 그리고 취향에 맞춰 음악이 아닌 커피를 판매하는 일을 하겠다는 다짐을 하게 된다. 그렇게 탄생한 블루보틀은 2002년에 오클랜드 농민시장Farmers' Market에서 처음으로 영업을 시작했다.

블루보틀이 사람들의 이목을 끌었던 요소는 서두르지 않는 여유로움이었다. 제임스 프리먼은 신속함도 서비스의 일종이라 생각하는 여느 카페들과 달리, 시간을 들여 한 잔의 커피를 완성하는 '슬로커피Slow Coffee'를 추구했다. 매장을 방문한 고객의 취향에 귀를 기울이고, 주문이 들어와야 커피를 내리기 시작했다. 사람들의 반응은 생각보다 좋았다.

처음부터 커피를 파는 매장보다 원두를 파는 브랜드가 되길 원했던 제임스 프리먼은 고객들의 반응에 힘입어 2005년 샌프란시스코 헤이즈벨리 구역에 키오스크형 매장을 오픈하기에 이른다.

블루보틀이 주문을 받고 커피를 내리기까지 적어도 5분 이상의 시간이 걸리는 핸드드립을 고집하는 이유는, 다도의 영향으로 커피 내리는 행위를 일종의 예술로 보는 깃사텐喫茶店, Kitssaten에서 이어진 일본 카페 문화의 영향을 받았기 때문이다. 이후에도 제임스 프리먼은 일본 문화에서 영감을 받아 카페의 세부적인 요소들을 바꿔나갔다. 가령, 2008년 기존 로고에서 "bottle coffee co"라는 글씨를 지우고 푸른 병만 남겨 만든 목재 입간판은, 간결함과 겸손함을 추구하는 교토의 간반看板, Kanban 문화에서 영감을 받은 것이다. 고객의 마음을 미리 헤아리고 서비스를 제공하는 '오모테나시おもてなし,

Omotenashi'는 제임스 프리먼이 일본 료칸 여행에서 감명을 받았던 부분으로, 블루보틀 서비스의 매뉴얼 정립에 영향을 주기도 했다.

일본에서 들여온 문화에 미니멀리즘과 개성을 더한 블루보틀은 샌프란시스코를 넘어 미국 전역에 그 이름을 알리기 시작했다. 이후 2012년 인텔리젠시아 출신의 3인방 마이클 필립스, 타일러 웰스, 크리스 오언스가 설립한 핸섬커피를 인수했고, 2017년에 이르러서는 네슬레에 지분의 68%를 4억 2,500만 달러에 판매하며 세계적인 커피 기업으로 성장했다.

리추얼, 포베럴, 레킹볼

"아침마다 커피를 마시는 것은 매일 하는 일 중 가장 신성하게 느껴지는 행위입니다. 일상은 기회들로 가득한데, 커피를 마시는 것은 그 일상을 더 멋지게 만들어주는 일종의 '의식Ritual'과도 같습니다."

브라운대학교에서 종교학을 전공한 아일린 하시 리날디Eileen Hassi Rinaldi는 자신이 일하던 매장 토라파지오네 이탈리아 카페Torrefazione Italia cafés에서 만난 제러미 투커Jeremy Tooker와 함께 '쓴 커피가 아닌 좋은 커피를 만들자'는 사명으로 로스터리를 오픈한다. 그리고 매일 아침 자신의 일상에 영감을 주곤 했던 스페셜티 커피를 생각하며 리추얼커피Ritual Coffee라는 이름을 붙였다. 이후 리추얼은 계절마다 최상의 맛을 내는 커피를 소량 구매해 판매하고, 소비자가 추출 방식까지 선택할 수 있는 서비스를 제공하는 등 차별점을 내세워 1세대 빅3 로스터리(인텔리젠시아, 스텀타운, 카운터컬처) 못지않은 인기를 얻었다. 하지만 안타깝게도 이 영광은 그다지 오래가지 못했다. 창업자 간 불화로 제러미 투커가 회사에서 나가 포베럴커피Four Barrel Coffee를 설립했기 때문이다. 두 카페는 이후에도 샌프란시스코를 대표하는 카페로 많은 사랑을 받았지만, 각종 오너리스크로 인해 내부고발이 이뤄지는 등 점점 그 명성을 잃어가고 있다.

이외에 샌프란시스코를 대표하는 카페로 레킹볼커피Wreckingball Coffee를 들 수 있다. 샌프란시스코의 첫 번째 커피 커플이라고 할 수 있는 닉 조Nick Cho와 트리시 로스갭이 만든 카페다. 트리시 로스갭은 제3세대 여성주의를 본떠 '커피 제3의 물결'이라는 단어를 본격적으로 사용한 커피인이기도 하다. 닉 조는 한국계 바리스타로, 미국스페셜티커피협회, 바리스타길드 등에서 활동했던 커피인이다. 두 바리스타는 미국바리스타협회 설립과 브루어스컵챔피언십의 발전에도 큰 영향을 끼쳤다고 평가받는데, 레킹볼 설립 이후에도 미국에 최초로 칼리타 웨이브Kalita Wave 드리퍼를 유통시키는 등 미국 스페셜티 커피 업계에 꾸준히 영향을 끼치고 있다.

샌프란시스코 커피의 미래

2008년 세계 금융위기와 닷컴버블의 붕괴가 있었지만 샌프란시스코는 여전히 건재하다. 페이스북과 트위터 등 소셜미디어 기업이 과거의 영광을 재현하듯 기업 가치를 폭발적으로 성장시켰기 때문이다. 주춤할 것 같았던 스페셜티 커피 시장 또한 이들의 투자로 인해 성장을 이어갔다. 대표적으로 블루보틀의 로스터 출신 제러드 모리슨Jerad Morrison이 형제인 저스틴Justin과 설립한 사이트글라스커피Sightglass Coffee는 트위터의 공동 창업자 잭 도시Jack Dorsey에게 투자를 받아 성장을 이어갔다. 또, '민트 모히토'라는 크래프트 커피로 유명한 필즈커피Philz Coffee 또한 페이스북 CEO 마크 저커버그Mark Zuckerberg의 요청에 따라 임대료를 면제받고 페이스북 본사에 입점하기도 했다.

스페셜티 커피를 즐기는 인구는 점점 늘어나고 있지만, 매장 운영과 원두 납품만으로는 지속적인 성장을 이어가기에 역부족인 상황에서 RTDReady to Drink, 인스턴트 등 간편 커피에 대한 투자 또한 샌프란시스코 커피를 이끄는 새로운 힘이 되고 있다. 블루보틀은 네슬레의 투자를 받기 전부터 분쇄한 커피의 향과 품질을 유지하는 시스템을 연구했던 퍼펙트커피Perfect Coffee를 인수해 분쇄 원두 패키지 '퍼펙틀리 그라운드Perfectly Ground Coffee'를 출시했다. 스텀타운이 자신의 로고를 크게 그려 넣은 갈색 병의 콜드브루를 판매하자, 포베럴과 버브커피Verve Coffee도 각각 자신만의 기술로 콜드브루를 개발했다. 블루보틀도 이에 뒤질세라 시그니처 메뉴인 뉴올리언스와 콜드브루를 캔 제품으로 만들어 유통하기 시작했다. 인스턴트커피 열풍도 샌프란시스코에서 시작됐다. 인텔리젠시아, 리추얼 등의 커피를 인스턴트커피로 출시한 스타트업 서든커피Sudden Coffee가 대표적이다.

샌프란시스코는 1850년 제임스 폴저James Folger가 커피 회사 폴저스를 설립했을 때부터 세계 커피 문화를 이끄는 중심지 역할을 해왔다. 폴저스가 만든 제1의 물결 이후 샌프란시스코 인근 버클리에서 피츠커피가 탄생해 제2의 물결을 이끌었다. 스페셜티 커피 산업을 기반으로 한 제3의 물결 또한 샌프란시스코를 중심으로 성장해왔다고 해도 무방하다. 물론 지속적인 임대료와 인건비 상승 등의 불안요소로 인해 샌프란시스코의 영광이 지속될 수 있을지는 지켜봐야 할 일이다. 또, 산업이 고도화되고 거대자본(JAB, 네슬레 등)이 투입되어 스페셜티 커피 산업 또한 새로운 국면에 들어섰다는 점도 생각해야 할 부분이다. 다국적 기업의 투자는 이미 미국 시장을 넘어서 중국과 동남아시아를 향하고 있기 때문이다.

스페셜티 커피에 윤리적 가치를 더하다
: 북유럽의 스페셜티 커피

문을 열고 나서면 한여름에도 스산한 기운이 몸을 감싼다. 한 걸음씩 발을 내디디면 도시 전체를 무언가가 감싸고 있는 듯한 느낌이 드는데, 해가 이것을 걷어내기까지는 꽤 오랜 시간이 걸린다. 물론 그렇지 않은 날도 많다. 노르웨이, 덴마크, 스웨덴 등 북유럽 국가들의 날

CAFÉ
DROP
COFFEE
ROASTERS

DROP
COFFEE
ROASTERS

씨는 월평균 강수일수가 15일이나 될 정도로 짓궂기 때문이다. 낮은 기압의 싸늘한 기후를 이겨내기 위해 커피를 마시는 것은 필수 일과로, 사람들은 하루에 열 잔이 넘는 커피를 마시기도 한다. 실제로 유로모니터Euromonitor나 스테티스타Statista 같은 통계사이트에 따르면, 북유럽 국가들의 1인당 커피 평균소비량이 늘 상위권을 차지하고 있다.

이들 국가의 유별난 기후나 커피 소비량에 대해 관심을 가지는 사람은 많지 않을지 모른다. 하지만 스웨덴에서 유래한 고유의 커피 문화 '피카Fika'를 아는 사람은 꽤 많을 것이다. 커피로 활기를 얻어야 하는 오전 9시와 오후 3시, 하던 일을 잠시 멈추고 커피를 마시는 피카타임은 다양성을 존중하고 다수의 행복을 지향하는 북유럽 문화를 대변하는 키워드이기 때문이다.

북유럽 국가들은 미국과 함께 커피 제3의 물결을 주도해왔다. 피카 문화에서 알 수 있듯, 북유럽 사람들의 일상에 커피가 녹아들어 있었기에 새로운 커피 문화 또한 빠르고 자연스럽게 흡수할 수 있었다. 미국의 카페들이 자본을 유입시켜 스페셜티 커피 산업의 볼륨을 키웠다면, 북유럽에서는 천재 바리스타들이 활약하며 질적 성장을 이끌어왔다는 것이 커피 업계 일각의 평가다.

2002년 월드바리스타챔피언십에서 우승한 덴마크의 프리츠 스톰, 2004년 우승자인 노르웨이의 팀 웬델보가 대표적인 사례로, 두 바리스타는 우승 이후 세계 대회 운영에 지속적으로 관여하며 컨설턴트, 교육자로 활약해왔다. 이 밖에도 북유럽 카페들이 스페셜티 커피 업계에 끼친 영향은 다양하다. 가령, 원두가 옅은 황색이 날 만큼만 약하게 볶는 '노르딕 로스팅'은 스페셜티 커피 문화를 대변하는 핵심 키워드 중 하나다. 북유럽 카페들을 중심으로 퍼져나간 이 로스팅 방식은 강하게 볶은 커피보다 산미가 높으며 밝고 선명한 꽃향기, 과일 향을 구현해낸다. 이 노르딕 로스팅은 커피 본연의 맛과 향을 극대화하는 방법으로 평가받으며, 스페셜티 커피 산업을 주도하는 하나의 트렌드로 자리 잡았다.

바리스타챔피언십의 출발, 노르웨이

월드바리스타챔피언십은 1998년 노르웨이의 바리스타들이 친목 도모를 위해 만든 대회가 발전한 것으로, 2000년 유럽스페셜티커피협회SCAE의 설립자이자 초대 회장인 알프 크라머Alf Kramer가 세계 대회로 발전시켰다. 초기 대회는 참가국도 많지 않았고, 대회의 형식도 제대로 갖춰지지 않았다. 2초 만에 추출된 50ml의 에스프레소가 서빙되기도 했고, 카푸치노에 우유거품 대신 휘핑크림을 올린 바리스타도 있었다. 하지만 이런 환경에서도 두각을 나타낸 바리스타가 있었으니, 노르웨이의 커피 회사 스톡플렉스Stockflecths 소속의 팀 웬델보였다. 그는 1998년 스톡플렉스에 바리스타로 입사한 이래 꾸준히 대회에 출전하며 실력을 키워왔다.

팀 웬델보는 사뭇 진지한 마음가짐으로 대회에 참여했다. 그는 월드바리스타챔피언십의 규칙이 바리스타의 훈련 도구가 되어야 한다고 생각했고, 경쟁을 통해 스페셜티 커피로 추출한 에스프레소의 준비와 서빙에 관한 바리스타의 지식과 전문성을 키워야 한다고 주장했다. 그는 2001년부터 꾸준히 월드바리스타챔피언십 결승 라운드에 이름을 올렸고 두 번의 준우승 끝에 2004년에 챔피언의 자리에 올랐다.

웬델보는 챔피언이 된 이후에는 독립하여 컨설턴트가 되었고, 월드바리스타챔피언십이 모두가 인정하는 세계 대회가 될 수 있도록 지원해왔다. 친목 중심으로 성장해왔던 대회는 2006년에 이르러서는 스폰서십의 부족과 미숙한 대회 운영으로 그 방향을 잃을 뻔하기도 했다. 하지만 팀 웬델보처럼 대회의 중요성을 인식하고 발전시키려 애쓴 바리스타들 덕분에 꾸준히 성장할 수 있었다.

그야말로 '슈퍼스타 바리스타'가 되어 전 세계를 돌아다니던 팀 웬델보는 2007년 솔베르그앤한센Solberg&Hansen(당시 스톡플렉스를 소유했던 회사)의 지원을 받아 자신의 이름을 건 카페를 오픈한다. 안정적인 기반을 마련한 그는 카페를 운영하면서 더욱 다양한 활동을 펼쳤다. 대표적으로, 같은 회사에 소속되어 있었던 커피 바이어인 모르텐 베너스가르드Morten Wennersgaard와 함께 '노르딕 어프로치Nordic Approch'를 창업해 커피 산지를 돌아다니며 농장과의 직거래를 시작한 것을 들 수 있다. 이 밖에도 에어로프레스챔피언십을 만들어 경쟁이 과열돼 있던 월드커피이벤트World Coffee Event, WCE(월드바리스타챔피언십을 비롯해 7개의 종목으로 이루어진 세계 커피 대회)와 다른, 새로운 형태의 커피 축제를 열었다. 또 열풍식 샘플로스터 로스트ROEST, 보급형 커피 머신 윌파 브루어Wilfa Brewer 등 커피 추출 기계의 개발에도 참여했다. 팀 웬델보의 영향력은 대회를 넘어 스페셜티 커피 산업 전방위로 향했고, 세계 어디든 스페셜티 커피가 있는 곳이라면 그에 관한 얘기를 들을 수 있었다.

노르웨이를 대표하는 또 다른 카페 후글렌Fuglen도 팀 웬델보가 몸담았던 스톡플렉스에서 출발한다. 후글렌은 1968년 문을 연 레트로풍의 커피·티숍으로, 2000년에 스톡플렉스가 인수해 운영하고 있었다. 이곳의 관리자 아이너 클레페 홀스Einar Kleppe Holthe는 2008년 운영을 포기하려던 스톡플렉스로부터 단돈 15센트에 후글렌을 인수했다. 도시의 역사를 담고 있는 오래된 카페에서 새로운 가능성을 엿봤기 때문이다. 기구한 운명의 후글렌은 이후 칵테일 애호가 할보 디거네스Halvor Digernes, 빈티지 가구 딜러 페페 트룰센Peppe Trulsen이 합류하여 노르웨이 힙스터 문화를 이끄는 카페로 성장했다. 홀스는 2007년 월드바리스타챔피언십 도쿄 대회에 참가하기도 했는데, 이를 인연으로 2012년 첫 해외 지점인 도쿄점을 오픈하기도 했다. 도쿄의 후글렌은 북유럽풍 분위기와 도쿄의 커피 문화가 절묘하게 조화를 이뤄, 일본을 넘어 외국인 관광객들에게도 인기를 끄는 관광명소로 성장해나갔다. 팀 웬델보가 바리스타챔피언십 초창기 멤버로 스페셜티 커피 산업 발전에 기여했다면, 홀스의 후글렌은 노르웨이

21
JUPITER
JUPITER
50%
70%
50%
70%
RENT A
HUSBAND
foodora

JOHAN & NYST
SIGNATURE ORIGIN
COLOMBIA SAN FERMIN
119
SIGNATURE ORIGIN
LIMITED EDITION
COLOMBIA
LOS VASCOS
149
250
JOHAN &
SIGNATURE ORIGIN
ETHIOPIA WELENA
129
SIGNATURE ORIGIN
BRAZIL FORTALEZA
99
JOHAN & NYSTR
SIGNATURE ORIGIN
EL SALVADOR MENENDEZ
109
SIGNATURE ORIGIN
SUMATRA GAYO
99
JOHAN &
ORIGINAL
BREW
ORIGINAL
BREW

고유의 커피 문화를 세계로 전파하는 역할을 담당했다.

스페셜티 커피 모범생, 덴마크

노르웨이에 팀 웬델보가 있다면, 덴마크에는 프리츠 스톰Fritz Storm이 있다. 노르웨이의 스톡플렉스처럼 우수한 바리스타들을 배출한 '카페 유로파Cafe Europa' 출신으로, 2002년 월드바리스타챔피언십에서 우승 트로피를 들어 올린 바리스타다. 이후 프리츠 스톰은 컨설턴트로 활동하며 바리스타챔피언십(이후 월드커피이벤트까지 포함하여) 조직과 운영에서도 중추적인 역할을 맡았다. 2009년에는 일본 마루야마커피의 마루야마 겐타로와 함께 '바리스타 캠프'를 설립해 전 세계의 바리스타들과 만나 자신이 가진 커피에 관한 지식과 기술을 공유했다. 커피라는 공통의 언어를 바탕에 두고 국경을 넘어 가진 것을 공유한 이 행사는, 수많은 커피 업계 종사자들에게 귀감이 됐다는 평가를 받는다. 프리츠 스톰은 이후 2013년, 자신의 이름을 딴 회사 커피바이스톰Coffee by Storm을 오픈했고, 컨설턴트와 교육자로 꾸준히 활약하고 있다.

덴마크를 대표하는 바리스타가 프리츠 스톰이라면, 대표 카페는 커피컬렉티브Coffee Collective다. 2006년 월드바리스타챔피언십 우승자 클라우스 톰센Klaus Thomsen, 2008년 월드컵테이스터스챔피언십 우승자 카스퍼 엥겔 라스무센Casper Engel Rasmussen, 개발학자로 커피 산지에 대한 논문을 썼던 피터 뇌르가르드-듀퐁Peter Nørregaard-Dupont 그리고 리누스 카스타노-토르세터Linus Castanho-Törsäter(2017년 퇴사)가 코펜하겐의 한 농민시장에서 처음 시작한 커피컬렉티브는 뛰어난 커피 품질과 윤리적인 경영으로 주목받은 카페다.

커피컬렉티브는 다이렉트 트레이드(농장과의 직거래)를 지향하는데, 이 단어가 오용되는 것을 막기 위해 상표 등록을 진행하기도 했다. 이 단어가 마케팅의 일환으로 사용되지 않고, 커피를 재배한 농민들에게 정당한 대가를 지불한다는 뜻에서만 사용되기를 바란 것이다. 일례로, 그들은 자신들이 판매하는 원두 봉투에 FOBFree on Board(커피가 화물로 선적되기 직전의 최종 가격) 가격을 표시하고 있다. 또, 커피 인센티브 제도를 운영해 품질이 뛰어난 커피를 생산한 농민들에게는 그만큼 높은 가격을 지불한다. 대표적으로, 케냐의 키에니 협동조합에 시장가격보다 419% 높은 가격을 지불한 사례가 있다.

커피컬렉티브는 2019년 9월, 비콥B Corp 인증을 획득했다. 비콥은 정부나 비영리단체만의 노력으로는 해결할 수 없는 빈곤, 건강 등 각종 지역사회 문제에 적극 참여하고, 존엄성을 보장하는 양질의 일자리를 창출하는 등의 노력을 하는 기업에게 주어지는 인증이다. 이 인증을 받기 위해서는 비즈니스와 지배구조, 구성원·지역사회·환경·고객 등에 미치는 영향 등에 관한 구체적인 질문에 답해야 하며, 200점 만점에 80점 이상을 받아야 한다. 영리기업으로 단순히 이윤을 추구하는 것을 넘어서 모든 '이해관계자의 긍정적인 영향력 창출'

johan & nyström
KAFFEROSTARE TEHANDLARE
TEA

Swedenborgsgatan
5-7
johan & nyström

을 도모하는 것이 비콥 인증 기업들의 목표다.

비콥 인증 기업으로서 커피컬렉티브는 산지와의 공정한 거래는 물론, 바리스타가 교체가능한 하급 노동자가 아님을 주장하며 커피 업계 종사자들의 근무환경 개선에도 긍정적인 영향을 끼치고 있다. 이 외에도 그들은 탄소중립화를 위해 '그린그룹Green Group'과 커피 생산 과정에서 발생하는 환경 위해적인 요소들을 제거해나가는 등 스페셜티 커피 업계에 모범이 되는 행보를 이어가고 있다.

'피카'의 발생지, 스웨덴

피카Fika는 카페cafe에서 두 음절이 바뀌어 만들어진 단어다. 커피를 위한 휴식 시간이라는 뜻으로, 1913년 탄생했다. 스웨덴의 직장인들은 매일 오전 9시와 오후 3시, 일과에서 잠시 벗어나 함께 모여 커피를 마신다. 꽤 오랜 시간 여유로운 대화를 꽃피우는 이 피카타임에서 일과 삶에 대한 그들의 철학을 엿볼 수 있다. 물론 커피를 마시는 일에 정해진 규칙은 없기에 하루에 여러 번 열리기도 한다. 일터뿐만 아니라 가정이나 학교에서도 간단한 다과와 커피만 있으면 피카가 열린다. 때문에 피카는 일상을 넘어서 공동체의 결속에도 중요한 역할을 한다. 또, 피카는 단순히 커피를 마시는 시간이 아니라 커피를 오롯이 즐기는 삶의 여유를 지키려는 경건한 의식으로 국경도 없고 성별도 구분하지 않는다. 그리하여 스웨덴인의 커피 한 잔에는 언제든 쉬어 갈 수 있는 삶의 여유와 어떤 다양성도 품을 수 있는 이해심이 담겨 있다.

스웨덴 스페셜티 커피의 중심지는 2004년에 오픈한 카페 요한앤뉘스트롬Johan&Nyström이다. "아름다운 잔에 형편없는 커피를 대접해선 안 되며, 좋은 커피를 볼품없는 잔에 대접해서도 안 된다"는 철학으로 스톡홀름의 최신 유행을 주도하는 쇠데르말름Södermalm에 처음으로 문을 열었다. 이곳의 공동대표 요한 담가르드Johan Damgaard는 스웨덴의 스페셜티 커피를 대표하는 인물인데, 요리사로 일하다가 대학에 진학해 마케팅과 경제학을 공부하던 학생이었다.

당시 스톡홀름에는 5개의 대형 로스팅 회사가 도시 전역에 원두를 공급하고 있었는데, 그는 새로운 패러다임을 제시하는 스페셜티 커피의 가능성을 보고 커피 업계에 뛰어들기로 결심했다. 초창기에는 직접 카페를 돌아다니며 샘플 커피를 나눠주는 식으로 영업을 시작했고, 전문 바리스타 교육 프로그램은 물론 고객 참여를 유도하는 아마추어 클래스도 운영했다. 요한앤뉘스트롬의 매장은 어디에서도 커피 제조 과정을 살펴볼 수 있는 오픈형 바bar를 추구하는데, 물리적 한계를 허물고 더 많은 사람에게 스페셜티 커피 문화를 전파하기 위해서다.

드롭커피Drop Coffee는 요한앤뉘스트롬과 함께 스톡홀름을 대표하는 스페셜티 카페로, 팀 웬델보에게서 영향을 받은 요안나 알름Joanna Alm이 2007년 쇠데르말름에 있는 마리아토르겟Mariatorget 공원

인근에 문을 열었다. 요안나 알름은 팀 웬델보가 운영하는 생두 회사 노르딕어프로치와 긴밀한 관계를 이어가며 커피를 수입했고, 카페를 운영하면서 동시에 대회에도 꾸준히 참가해 좋은 결과를 내기도 했다. 그녀는 2014년과 2016년에 스웨덴커피로스팅챔피언십에서 우승을 했으며, 2015년에 열린 세계 대회에 스웨덴 대표로 참가해 준우승을 차지하며 드롭커피를 스웨덴을 대표하는 로스터리로 만들었다. 2014년에는 영국을 대표하는 스페셜티 카페 해즈빈커피Has Bean Coffee의 대표 스티븐 라이턴Stephen Leighton과 파트너십을 맺으면서 유럽 무대에서도 그 영향력을 늘려가고 있다.

스웨덴의 스페셜티 커피 문화를 관통하는 또 하나의 키워드는 '여성 커피인'이다. 스웨덴은 1974년 성중립적인 육아휴직을 도입해 남성과 여성이 모두 육아에 참여할 수 있도록 했으며, 1980년에는 남성 우선의 왕위 계승법을 수정해 주목을 받았다. 세계적으로도 손꼽히는 여성 친화적인 노동시장은 커피 업계에도 영향을 끼쳤다. 드롭커피를 운영하는 요안나 알름을 비롯해 2006년 월드바리스타챔피언십에서 4위에 오른 코피커피바Koppi Coffee Bar의 안느 루넬Anne Lunell, 유럽스페셜티커피협회 심사위원이자 요한앤뉘스트롬에서 납품을 담당하는 사라 옐모스Sara Hjälmås 등이 대표적으로, 지금도 수많은 여성 커피인이 스웨덴 커피 업계의 미래를 이끌어가고 있다.

제3의 물결이 하나의 큰 흐름이 되어 지속가능한 커피 산업의 미래를 만들 수 있기까지는 다양성과 윤리성을 중시하는 북유럽 카페들의 움직임이 큰 역할을 했다. 커피인들이 한데 모여 즐길 수 있는 축제를 만드는 일, 커피 품질에 따라 농장에 비용을 지불하는 일, 탄소중립 등 환경문제와 사회문제에 적극 참여하는 일, 여성들이 차별받지 않고 일할 수 있는 환경을 만드는 일이 그렇다. 스페셜티 커피 산업이 단순히 산지와의 직거래를 통해 고품질의 커피를 구입하고, 부가가치를 창출하는 이윤지향적 행위만을 추구하는 것이 아님을 보여준 것이다. 실제로 커피 산업은 지구온난화 등의 환경문제와 글로벌 경제위기로 위기를 겪고 있다. 때문에 지속가능한 미래를 추구하는 북유럽 스페셜티 커피 산업의 움직임이 더욱 중요해졌다.

밍크코트를 입는 것과 같은 사치,
일본의 스페셜티 커피 문화

한국 핸드드립 커피의 원조 보헤미안의 박이추 선생이 오랫동안 일본에서 거주한 경험을 비롯해, 한국 핸드드립 커피 산업은 일본식 다방(깃사텐)의 영향을 직간접적으로 받았다. 커피를 대하는 진지한 자세와 정교한 물줄기 같은 추출 기술을 강조하는 깃사텐의 커피 문화는 일본식 스페셜티 커피 산업에도 큰 영향을 끼쳤다.

일본 스페셜티 커피 산업은 2003년 설립된 일본스페셜티커피협회

SCAJ에서 시작했다. 1982년 시작한 미국스페셜티커피협회, 1997년 시작한 유럽스페셜티커피협회, 1999년 시작한 컵오브엑설런스COE 옥션(4장 2절에서 상세히 설명)과 비교해 조금 늦지만, 아시아에서 가장 빠르다. 참고로, 한국은 2018년 뒤늦게 시작한 '스페셜티커피협회SCA 한국 챕터'가 공식적으로 한국 스페셜티 커피 산업을 대표하고 있다.

일본스페셜티커피협회의 초대 회장은 세계 최초로 캔커피를 제작한 아시아 최대 커피 회사 우에시마커피UCC의 우에시마 다쓰시上島達司이고, 현 회장은 도토루커피의 간노 마사히로菅野眞博다. 우에시마와 간노는 커피 업계의 대기업이 관행적으로 자리를 유지한 경우이고, 실질적으로 일본 스페셜티 커피 산업의 기술적 발전을 도모한 인물은 '하야시 커피 인스티튜트'의 하야시 히데타카林秀豪다. 이전까지 깃사텐의 핸드드립 문화에 기대온 일본 커피 업계는 하야시 이후로 세계 커피 업계의 올림픽이라고 할 수 있는 컵오브엑설런스에 적극적으로 참여하는 등 제3의 물결이라는 스페셜티 커피의 세계적인 조류에 합류했다. 하야시의 유산은 도쿄와 가루이자와에서 활동하는 마루야마커피의 마루야마 겐타로丸山健太郎, 교토와 오사카를 중심으로 활동하는 타임스클럽의 이토이 유코糸井優子에게 이어진다. 하야시와 마루야마, 이토이는 컵오브엑설런스 심사에 가장 많이 참여한 세계 3대 커피 심사관으로 손꼽힌다.

이외에도, 도쿄 지역 젊은 커피인을 상징하는 와타루커피의 세키네 신지SHINJI Sekine까지 스페셜티 커피의 물결에 합류했고, 일본스페셜티커피협회 이사 호리구치 도시히데堀口俊英가 주도하는 LCFLeading Coffee Family 계열도 일가를 이루고 있다. 와타루의 세키네 신지는 컵오브엑설런스에서도 활발히 활동했고, 호리구치의 LCF 계열은 커피의 쓴맛과 감칠맛을 강조하는 깃사텐 커피와 유사한 커피를 지향한다.

일본의 스페셜티 커피 산업은 지역별로 강한 유대감과 연대를 통해 발전했다.

하야시 히데타카의 초기 정착기를 지나 도쿄를 기반으로 마루야마커피가 급성장했으며, 마루야마커피 라인의 스페셜티 커피 회사들은 마루야마 겐타로가 옥션에서 낙찰 받은 커피와 직수입한 커피를 도제식에 가깝게 받아들이고 있다. 도쿄의 젊은 스페셜티 커피인들은 규율이 엄격한 마루야마 라인과 달리 와타루커피의 세키네 신지와 연합해 커피 산업에 참여하는 경우가 많았다. 오니버스커피, 노지커피와 같은 도쿄의 젊은 커피인들은 와타루에서 수입 대행하는 스페셜티 커피 생두들을 사용하고 있다.

교토와 오사카를 기반으로 하는 이토이 유코의 타임스클럽은 인도 아라쿠 지역의 커피를 소개하는 등 해외에서 커피 전문가로 활발한 활동을 하고 있다. 이토이 유코 여사의 타임스클럽은 커피리브레, 프릳츠와 같은 한국의 스페셜티 커피 업체들의 성장을 견인하며 한국 스페셜티 커피 산업의 성장에도 큰 영향을 끼쳤다. 2009년 세계

MARUYAMA COFFEE
MARUYAMA COFFEE

EL CIPRES
NOZY COFFEE
EL DIAMANTE
NOZY COFFEE
INTEGRAL EL CIPRES

Champion
Japan Barista Championship '08-'09
SCAJ
THURSDAY, OCTOBER 16, 2008

珈琲店
YANAKA COFFEE

消火栓
NOZY COFFEE

NOZY COFFEE
Home Roasted B
Single Origin Cof

커피 업계의 중요 인사였던 이토이 유코 여사가 스페셜티 커피 문화가 척박했던 한국에서 두 청년(서필훈, 김병기)을 초대해 컵오브엑설런스 심사관의 기회를 제공한 사건은 당시 일본뿐 아니라 전 세계 커피인에게 커다란 파격이었다. 타임스클럽과 한국 스페셜티 커피 산업의 인연은 국제 스페셜티 커피 업계의 미담으로 전해지고 있다. 지금도 커피리브레는 자체적인 직거래가 가능한 농장의 커피들도 타임스클럽을 통해 들여오는 경우가 많다.

꾸준히 발전해온 일본의 스페셜티 커피 산업은 2007년 월드바리스타챔피언십을 도쿄에 유치하는 데 성공했다. 도쿄 대회의 우승자가 바로 커피 업계의 천재로 손꼽히는 영국 스퀘어마일커피의 제임스 호프먼James Hoffmann이다. 여담이지만, 제임스 호프먼의 수제자인 영국 교포 박상호 씨는 스퀘어마일커피의 수석 로스터로 근무하면서 수차례 영국 대표에 선정되었고, 2016년 한국으로 와서 센터커피를 시작했다. 일본 최고의 스페셜티 커피 회사 마루야마커피는 일본 스페셜티 커피 산업을 꾸준히 견인해 소속 바리스타인 이자키 히데노리가 2012년과 2013년 일본 바리스타 대표 선발대회에서 연달아 우승했고, 2014년 이탈리아 리미니에서 열린 세계 대회에서 아시아인 최초로 챔피언이 되었다.

일본 스페셜티 커피 산업을 다시 한 번 정리하면, 하야시 그룹, 우에시마커피UCC, 도토루커피와 같은 대형 커피 업체들, 도쿄의 마루야마커피 계열, 교토의 타임스클럽 계열, 와타루커피와 교류하는 노지커피, 오니버스커피와 같은 스페셜티 커피 업체들이다. 크게 호리구치커피 계열까지 포함하는 카페바하, 람부르와 같은 전통적인 깃사텐 커피 산업은 조금씩 위축되고 있지만, 최근 들어서는 라이트 로스팅을 강조하는 글리치커피, 라이트업커피 같은 신세대 그룹들이 새롭게 각광받고 있다.

섬세함과 개성,
한국 스페셜티 커피의 역사

한국의 스페셜티 커피의 역사는 세 곳의 카페에서 시작되었다. 한국에 스페셜티 커피라는 개념조차 없던 시절인 2002년 강릉에서 문을 연 '테라로사커피'와 신림동에서 시작한 '나무사이로커피', 그리고 2009년 서필훈이 창업한 '커피리브레'다.

이 세 카페는 한국 커피 시장에 스페셜티 커피를 소개하면서, 동시에 세계 스페셜티 커피 전문가들과 교류하며 한국의 커피 문화를 세계에 알리는 데에도 기여했다. 테라로사의 이윤선은 2008년 한국 최초로 컵오브엑설런스의 심사관으로 위촉되었으며, 나무사이로는 나인티플러스 커피(4장 4절 참고)를 비롯해 다양한 스페셜티 커피를 한국에 소개했다. 2013년 한국 브루잉커피 챔피언 정인성이 시드니에서 열린 월드브루어스컵챔피언십WBrC에서 한국인 역대 최고성적

인 준우승을 기록할 때 사용한 커피가 바로 나무사이로의 파나마 게이샤였다.

안암동 카페 보헤미안의 직원이었던 서필훈은 2007년 한국인 최초로 스페셜티협회 소속 커피 감정사 자격인 큐그레이더Q-Grader(커피 품질을 평가해 등급을 결정)를 획득했다. 이후 한국의 큐그레이더 수는 세계에서 가장 빠른 속도로 증가했고, 한국 스페셜티 커피 산업의 중요한 인재 풀이 되었다. 한국 최고의 커피 머신 전문가 비다스테크의 방정호, SPC 그룹에서 커피 품질을 담당하는 최준호, 큐그레이더를 양성하던 심사관 김길진을 비롯한 수많은 전문가가 이때부터 활동을 시작했다. 커피리브레의 서필훈은 한국에서 두 번째로 컵오브엑설런스 심사관이 되었으며, 모모스커피의 이현기, 엘카페의 양진호도 차례로 심사관 대열에 합류했다. 커피리브레, 테라로사, 나무사이로에 이어 엘카페, 모모스커피까지, 한국 스페셜티 커피 산업은 조금씩 기틀을 잡기 시작했고 전국적으로 성장했다.

부산 온천장역 주변에서 시작한 모모스커피는 이현기 대표가 큐그레이더 자격을 취득한 후 경남과 부산을 대표하는 스페셜티 커피 업체로 성장했다. 본인들의 노하우를 꾸준히 지역 업체들과 공유한 모모스커피의 노력 덕분에 블랙업커피, 인얼스커피와 같은 업체들이 동반 성장했고, 베르크, 히떼 등 지역의 신진 업체들까지 함께 발전할 수 있었다. 모모스가 이끈 부산 스페셜티 커피의 분발은 대구의 커피명가, 경주의 커피플레이스, 대전의 톨드어스토리처럼 지역에 뿌리를 둔 스페셜티 커피 업체들의 발전을 자극했다. 제주의 스페셜티 커피는 커피템플 같은 전국구 업체들이 이전하면서 최근 들어 급속히 성장 중이다.

스페셜티 커피 1세대의 활약에 이어, 2010년 이후 개성적인 커피를 선보인 헬카페, 메쉬커피, 에스프레소 바 리사르커피가 문을 열었고, 바리스타 전문 매장 커피템플, 지역에 뿌리박은 502커피와 커피점빵(로우키커피의 전신) 같은 개성 있는 커피 업체들이 꾸준히 성장했다. 커피템플과 밀로커피는 한국 스페셜티 커피 업계에 창작 메뉴 열풍을 일으켰다. 커피템플의 유자아메리카노와 밀로커피의 몽블랑은 한국 바리스타들이 최고로 손꼽는 창작 메뉴다. 바마셀의 최현선, 모모스커피의 전주연과 함께 천재 바리스타로 손꼽히는 이종훈도 커피그래피티를 창업해 바리스타 챔피언 출신 스페셜티 커피가 확대되기 시작했다.

한국 스페셜티 커피 산업의 지속적인 성장 속에서, 2015년 전후 새로운 개성의 업체들이 급속히 발전했다. 커피리브레 출신 김병기·박근하·김도현·전경미, 엘카페 출신 송성만, 제빵 전문가 허민수가 2014년에 창업한 프릳츠커피컴퍼니는 '커피 업계의 어벤저스'라는 별명으로 불린다. 독특한 매장 분위기와 전문적인 커피를 겸비한 프릳츠는 폭발적으로 발전한 소셜미디어와 함께 인기를 얻었고, 베이커리 오월의종과 협업하는 타임스퀘어의 커피리브레, 어니언과 더불어 베이커리를 겸한 대형 스페셜티 커피 매장의 효시가 되었다.

© LEE HWIYOUNG, instagram@cohwiee

2015년 커피리브레 출신 김영현, 커피템플 출신 송대웅이 함께 창업한 펠트커피는 양질의 커피와 전문 바리스타, 간결하고 우아한 매장 분위기로 스페셜티 커피를 더 많은 대중에게 알리는 데 크게 기여했다. 프릳츠와 펠트의 성공은 전국 각처의 소규모 커피 매장들이 새롭게 창업하는 계기가 되었다. 스페셜티 커피 매장이 늘어난 것은 이들에게 원두를 공급하는 프릳츠와 펠트를 비롯해 커피몽타주, 180커피로스터스와 같은 스페셜티 커피 전문 로스터리의 성장에 도움이 되었다.

한편, 한국 커피인들은 꾸준히 세계 대회에 출전하며 좋은 성적을 거둬왔다. 2017년 카페쇼를 통해 월드바리스타챔피언십을 유치해 한국 챔피언 방준배 바리스타가 9위의 성적으로 입상했고, 이후 2020년 보스턴에서 열린 세계 대회에서 전주연 바리스타가 드디어 우승을 하면서 국제사회에서 한국 커피 업계의 위상이 더욱 높아졌다.

한국 스페셜티 커피 시장이 점차 커지자 외국의 스페셜티 커피 업체들도 한국에 대대적으로 진출했다. 2019년 성수동에서 시작한 한국 블루보틀커피는 한국 스페셜티 커피 산업이 사회적으로 조명을 받는 데 크게 기여했다. 전문적이고 친절함으로 무장한 블루보틀의 바리스타들은 한국 스페셜티 커피 업계에 큰 반향을 일으켰다. 폴바셋의 영향으로 호주의 커피 업체들도 활발하게 한국에 진출했다. 세인트알리와 마켓레인 같은 메이저 스페셜티 커피 회사들이 한국에서 고전했지만, 멜버른의 중소 규모 로스터리인 듁스커피와 스몰배치커피가 한국에서 토착화에 성공한 것이 흥미롭다. 한국 출신 커피인들이 호주에서 창업한 에이커피, 놈코어커피는 한국으로의 역진출에 성공했다.

현재 한국의 스페셜티 커피는 다양한 업체와 지역을 넘나들며 서울뿐 아니라 전국에서 뜨겁게 발전하고 있다. 과거 외국의 스페셜티 커피 문화를 빠르게 흡수했던 한국의 스페셜티 커피는 이제 섬세하고 우아한 커피 문화와 꾸준한 성장세로 세계적으로 주목받는 시장이 되었다.

2장

스페셜티 커피 문화 산책

이탈리아가 스타벅스와 스페셜티 커피를 만났을 때

스페셜티 커피의 추적가능한 가치사슬Value Chain은 로스팅부터 에스프레소 추출 방식까지 바꾸었는데, 본연의 맛과 향을 강조하기 시작하면서 그 커피의 특징을 잘 드러내려는 노력이 끊임없이 이어졌기 때문이다. 대표적인 예로, 과거와 다르게 로스팅 강도가 확연히 약해진 것을 들 수 있다. 품질 좋은 생두는 오히려 약하게 볶았을 때 그 맛과 향이 살아나기 때문이다.

로스팅의 정도가 달라지니 그라인딩의 범위도 넓어졌다. 강하게 볶은 원두는 기름기가 많아 너무 가늘게 갈아내면 추출을 할 수 없을 정도로 뭉친다. 하지만 약하게 볶은 원두는 가늘게 갈아도 뭉치지 않으니 다양한 시도를 할 수 있다. 기술의 발전과 환경의 변화는 머신의 변화도 가져왔다. 그라인더는 원두를 더욱 가늘게 갈아내고, 에스프레소 머신도 가늘게 갈아낸 배전도 낮은 원두에서 갓 수확한 과일의 향미를 뿜어내는 에스프레소를 만들 수 있도록 변화했다.

하지만 끊임없이 관광객이 몰려드는 이탈리아의 오래된 가페의 커피는 바티칸의 박물관처럼 과거에 머물러 있다. 이탈리아의 커피 교육기관인 '에스프레소 인스티튜트Istituto Nazionale Espresso Italiano'에서는 7g의 커피를 섭씨 86~90도의 물로 9바아bar*의 압력을 가해 20~30초 사이에 22.5~27.5ml를 추출해서 섭씨 64~70도의 음료를 만들어내는 것을 오리지널 이탈리안 에스프레소라 정의한다.

이 레시피는 그것이 탄생한 시기에 제작된 머신에 어울리는 방법인데, 강하게 볶아낸 원두로 정통 에스프레소 블렌드를 뽑아내기에 제격이다. 심지어 그들은 가게 영업을 마감하기 전까지 포터필터를 씻거나 스팀노즐을 닦지도 않는다. 커피에 조금이라도 관심이 있는 사람들은, 멋지게 정장을 차려 입은 이탈리아의 바리스타들이 우리나라 카페와는 사뭇 다른 방식으로 에스프레소를 추출하는 모습에 충격을 받을지도 모른다.

이탈리아의 에스프레소가 시대 흐름에도 흔들리지 않는 문화(혹

* 압력단위. 1cm^{2}에 대하여 1메가다인의 압력을 의미하며, 1바아는 0.9869233기압이다.

은 유물)가 될 수 있었던 데는 그것을 보호하려는 정부 주도의 정책도 한몫했다. 의회가 에스프레소 바 운영에 적극적으로 개입해 매장의 수, 운영시간 등을 통제하고, 각 매장의 커피 가격을 단일화한 것이다. 덕분에 이탈리아에는 프랜차이즈 카페와 같이 현대식 사업 구조를 바탕으로 한 글로벌 기업이 진입하기 어려워졌고, 카페들은 에스프레소를 1유로에 팔면서도 이윤을 남길 수 있는 독특한 구조를 유지할 수 있었다.

그러니 소비자 또한 그들만의 문화에 익숙해질 수밖에 없었다. 각 지역의 에스프레소 바는 사랑방이 되었고, 바리스타와 일상을 나누며 에스프레소를 마시는 일은 이탈리아인의 빠질 수 없는 일과가 되었다. 이렇게 싸고 품질이 크게 떨어지지 않으면서도 단골들에게 사랑받는 카페들이 도처에 있으니, 전 세계 83개 국에 3만 3,000개 이상의 매장을 둔 스타벅스가 47년 동안 이탈리아 진출을 하지 못했다.

그런 이탈리아에도 변화의 바람이 불고 있는 것일까? 2018년 9월, 밀라노에 700평 규모의 스타벅스 리저브 매장이 문을 열었다. 화장품 브랜드 키코Kiko로 유명한 본토 기업 페르카시Persika와 협업해 본격적인 이탈리아 진출을 선언한 것이다. 호그와트 마법학교와 같은 이 거대한 카페에, 스타벅스는 자신이 할 수 있는 모든 것을 집어넣었다. 매장에 들어서면 향후 유럽과 중동, 아프리카에 커피를 공급할 거대한 로스터기가 한가운데 자리 잡고 있다. 2016년에 인수했던 프

STARBUCKS
0·24

ROASTERY
ARRIVIAMO
Princi

TAZZA D'ORO
85
CAFFE TAZZA D'ORO
EL MEJOR DEL MUNDO

80A
80A
SCIASCIACAFFE
VIA FABIO MASSIMO 80/A • ROMA

린치Princi의 빵을 맛볼 수 있는 베이커리 파트도 인산인해를 이룬다. 클레버나 사이펀 등 각종 브루잉 기구를 전면에 내세운 커피 파트도 이목을 집중시킨다. 이탈리아 사람들에게 에스프레소가 아닌 커피는 낯선 장르인데, 놀이동산의 안내원처럼 커피가 만들어지는 과정을 설명해주는 바리스타에게 귀를 기울일 수밖에 없다. 매장 밖 대기가 세 시간이 넘는다는 기사도 나왔고, 스타벅스는 배달 서비스를 도입해 지역 카페들과 차별화하며 그 인기를 이어갔다. 다른 도시에 비해 비교적 새로운 문물을 받아들이는 데 익숙한 밀라노에는 곧 몇 개의 또 다른 스타벅스 매장이 문을 열었다.

하지만 아직 성패를 논하기엔 이르다. 스타벅스는 토리노를 비롯해 인근 지역까지만 확장했으니 말이다. 관광객 특수를 노려 로마에도 새로운 점포를 열고자 했으나, 코로나19의 유행으로 인해 잠정적으로 중단된 상태다. 이탈리아는 자신들의 전문 분야를 침범하는 프랜차이즈에 냉혹하게 대처해왔다. 벤앤제리스와 하겐다즈가 그 대표적인 사례다. 이탈리아에는 이미 도처에 합리적인 가격에 맛있고 신선한 젤라토를 먹을 수 있는 상점이 널려 있다. 이탈리아인들에게 밴앤제리스와 하겐다즈의 아이스크림은 비싸고 딱딱하며 맛없는 간식에 불과했다. 현지의 농민들과 협업하거나 이탈리아 맞춤형 메뉴를 선보여 잘 자리 잡은 맥도날드와 도미노피자가 있지만, 여전히 평소에 마시던 커피보다 네 배 비싼 스타벅스 커피를 마시기에는 더 많은 이유가 필요해 보인다. 예기치 못한 전염병의 유행도 복병이다. 점포

수를 늘려 매출을 확대하는 다국적 프랜차이즈의 전략이 수정돼야 하는 상황에서, 스타벅스의 이탈리아 진출은 또 다른 위기를 마주하고 있다.

어쩌면 변화의 바람은 스타벅스를 향하지 않을지도 모른다. 유구한 역사를 바탕으로 스페셜티 커피 시장에서도 이탈리아 출신의 바리스타와 로스터가 그 실력을 뽐내고 있기 때문이다. "20g을 넣어 40ml를 추출했어요. 당신이 방문했던 오랜 전통의 이탈리아 카페에서 에스프레소를 이만큼 내려준다고 생각해보세요. 감당할 수 있겠어요?" 밀라노의 스페셜티 커피 매장인 카페잘Cafezal의 바리스타는 이탈리아의 커피 업계에 불어온 스페셜티 커피의 바람을 이렇게 표현했다.

포렐리 지역에 위치한 로스터리이자 2017년 월드로스팅챔피언십 우승자 루벤스 가르델리Rubens Gardelli가 운영하는 가르델리Gardelli, 2013년 월드바리스타챔피언십 결승에 오른 프란체스코 사나포Francesco Sanapo가 운영하는 피렌체의 카페 디타 아르티지아날레Ditta Artigianale가 대표적이다. 로마에도 페르가미노 카페Pergamino Caffè, 파로 루미네리스 오브 커피Faro-Luminaries of Coffee 등이 스페셜티 커피를 소개하며 이탈리아인의 미각을 자극하고 있다.

이탈리아의 커피 문화는 그 자체로 훌륭하다. 그들이 발명한 에스프레소 머신은 커피 역사에 혁명을 일으켰고, 에스프레소 마시는 문화를 전 세계에 전파했다. 또 그 엄청난 소비량 덕분에, 세계 유수의 농장들은 이탈리아 커피 회사들과 돈독한 관계를 오랫동안 맺으며 지금도 큰 영향력을 미치고 있다. 유구한 커피 역사를 유산으로 가진 이탈리아인들은 언제든 맛있는 커피를 찾아 마시려는 욕망으로 가득 차 있다. 스페셜티 커피 시장에서 이탈리아는 후발주자이지만, 그 잠재력은 어떤 곳보다 크다. 47년 만의 스타벅스 진출보다 이탈리아가 일으킨 새로운 스페셜티 커피의 역사가 기대되는 이유다.

코스타리카의 마이크로밀 혁명

이곳에서는 불과 몇 년 전까지 아라비카 품종 이외의 커피를 생산하지 못하도록 법적으로 규제했다. 2019년까지는 과세년도Tax Year가 수확 시기에 따라 움직일 정도로, 커피 산업은 국가경제의 큰 기틀이다. 때문에 정부는 산업의 보호를 위해 농장부터 수출 업체까지 직접 라이선스를 발급해 관리하고 있으며, 물과 탄소 사용, 야생동물 보호에 대한 7개의 법률과 4개의 법규명령을 만들어 산업을 보호하고 있다. 커피 생산지 중에서 커피 소비량이 가장 많다는 사실은, 이 나라 국민이 자국 커피 품질에 얼마나 자부심을 갖고 있는지 보여주는 증거이기도 하다. 중미의 대표적인 커피 생산지 코스타리카에 관한 이야기다.

스페셜티 커피 업계에서 코스타리카는 '마이크로밀 혁명'의 근원지로 이름을 널리 알렸다. 커피 수출 업체 익스클루시브Exclusive 소속의 그린빈 바이어 프란시스코 메나Francisco Mena에 의해 명명된 이 혁명의 역사는 1990년대 후반으로 거슬러 올라간다. 당시 전 세계 커피 농가는 국제 커피 가격의 급격한 하락으로 큰 타격을 입었다. 코스타리카의 농민들은 이 위기를 품질 향상으로 극복하려 했는데, 각 농장에서 점액질 제거 기기 등을 도입해 직접 커피 가공에 나선 것이다. 과거에는 지역별로 대규모 가공소가 있어, 각 농장은 수확한 커피를 이곳에 보내 가공했다. 하지만 이렇게 가공할 경우 여러 농장의 커피가 섞이기도 했고, 같은 농장의 커피라도 품종을 구분해 따로 가공하는 일이 불가능했다. 때문에 마이크로밀 혁명 이전의 코스타리카 커피는 '깔끔한 과일의 산미가 매력적이지만, 개성은 부족하다'는 평가를 받았다. 하지만 농장별로 가공소를 마련하고 커피의 특징을 고려해 가공하기 시작하자 스페셜티 커피 시장에서 코스타리카 커피에 대한 평가가 달라졌다.

코스타리카 마이크로밀 혁명의 중심에는 마이크로밀Micro Mill이라 불리는 에코펄퍼Eco-Pulper가 있다. 일반적인 커피 가공은 수세식Washed이다. 커피 가공이란 수확한 커피 체리의 외피와 과육, 점액질을 깨끗하게 벗겨내는 과정인데, 수세식 가공은 체리에서 외피와 과육을 제거한 씨앗을 일정 시간 수조에 넣어 침지한다. 이 과정에서

Café de Altura

CAFÉ DE COSTA RICA

COFFEE
COMPANY
TERAROSA

점액질 성분이 씨앗에서 완전히 분리되는데, 이렇게 가공한 커피를 '완전 수세식Fully Washed 커피'라고 부른다. 반면 마이크로밀 가공은 에코펄퍼라는 기계를 사용해 마치 탈곡기와 같이 기계의 마찰과 수압으로 점액질을 씻어낸다. 때문에 발효탱크와 세척 시설 등을 필요로 하는 기존 수세식 가공 방식에 비해 훨씬 효율적으로 커피를 가공할 수 있게 됐다. 에코펄퍼는 규모도 작고 설치도 간단해 농가에 설치하여 농민이 자신이 생산한 커피를 직접 가공할 수 있다.

또, 에코펄퍼로는 수압과 마찰력을 조절해 점액질 제거의 정도를 조절할 수 있는데, 이를 통해 '허니 프로세스Honey Process'라는 독특한 가공 방식을 발전시킬 수 있었다. 제거되지 않고 씨앗 표면에 남아 있는 점액질의 영향으로, 허니 프로세스 커피는 독특한 향미를 내뿜는다. 수확 후 별도의 조치를 하지 않고 햇볕에 그대로 말리는 건식Natural 가공 방식을 거친 커피에서도 비슷한 향미를 느낄 수 있는데, 코스타리카의 허니 프로세스(혹은 반수세식Semi-Washed) 커피는 과육은 제거하고 점액질만 남겨두어 보다 깔끔한 맛이 나는 것이 특징이다.

이렇게 가공한 커피는 점액질이 남은 정도에 따라 블랙, 레드, 옐로우, 화이트 허니라는 이름을 붙여 판매하는데, 이 커피들은 그야말로 코스타리카의 '특산물'이 되어 전 세계로 퍼져나갔다. 시간이 흘러 코스타리카의 각 커피 농장들은 가공 방식을 자체적으로 발전시켜 개성을 더욱 드러내기 시작했고, 지금도 커피 시장에서 높은 평가를 받는 상품을 내놓고 있다.

마이크로밀 혁명은 농장의 생산물에 부가가치를 더하는 역할 이외에도 커피 산업 전반에 많은 영향을 미쳤다. 우선, 농장에서 커피를 직접 관리하게 되면서 커피 생두에 대한 더 상세한 추적가능성을 제공할 수 있게 됐다. 품종부터 토양, 재배 과정 등 커피가 자라는 자연적 요소들과 더불어 수확 후 가공을 포함한 모든 과정이 하나의 테루아Terroir(커피가 자라는 자연 요소들의 총체)로서 소비자에게 전달되는 것이다.

마이크로밀 혁명 이후, 커피 농장들은 새로운 가공 과정을 도입하는 것을 망설이지 않게 되었다. 잘 가공된 커피가 시장에서 좋은 평가를 받을 수 있음을 확인했기 때문이다. 농장의 부가가치가 늘어나자 산업의 지속가능성도 높아졌다. 젊은 농민들이 커피 산업의 발전 가능성을 보고 사업을 물려받았기 때문이다.

전 세계 커피 생산량을 국가별로 살펴보면, 코스타리카는 전체의 1%에도 못 미친다. 하지만 스페셜티 커피 산업에서 코스타리카가 차지하는 위상은 남다르다. 코스타리카 정부는 커피 산업의 증진을 위해 1933년 국가의 커피 관련 사업을 총괄하는 코스타리카커피협회Instituto del Cafe de Costa Rica, iCAFE를 설립했다. 협회는 설립 이래 커피 재배 농민들의 이탈을 막고 커피 산업의 지속가능성을 보장하기 위해 다양한 미래 품종에 관한 연구를 지속하고 있다. 농민들도 정부 정책에 적극적으로 협조하며 좋은 품질의 커피를 생산하고자 노력하고 있다. 덕분에 코스타리카에서 혁명의 물결이 일어날 수 있었고, 커피 산업 전반에 긍정적인 영향을 미치며 지속가능성은 물론이고 새로운 미래를 그리는 힘이 되었다.

월드바리스타챔피언십의 역사와 미래

올림픽이 200여 개 국이 참여하는 국제적인 행사가 된 것은 그리 오래된 일이 아니다. 1896년 1회 대회가 열릴 때만 해도 13개 국만 참여했고, 각 선수들은 국가대표가 아닌 개인 자격으로 참가해 실력을 겨뤘다. 1908년 런던 대회에 이르러 각 선수들이 국가를 대표해 경기를 치렀고, 규칙이나 가이드라인을 정한 '올림픽 헌장'이 제정된 것은 1921년에 이르러서다. 이후에도 올림픽은 전쟁과 냉전 등으로 인해 세계인의 축제가 되기까지 많은 시련을 겪어야 했다.

월드바리스타챔피언십WBC은 월드커피이벤트WCE에서 주관하는 대회 중 가장 역사가 깊고 권위 있는 경연이다. 에스프레소 추출을 기반으로 한 이 대회 이외에도 라테아트, 컵테이스터스, 커피로스팅, 커피인굿스피릿, 체즈베/이브릭 등의 종목이 있지만, 일반적으로 '바리스타 챔피언'은 월드바리스타챔피언십 우승자를 가리킨다. 세계 각 도시를 순회하며 열리는 이 국제 행사를 위해 각 국가에서는 매년 종목별로 대표 선수를 선발한다. 우리나라에서도 꾸준히 커피인들이 출전하여 좋은 성적을 거둬왔는데, 2019년에는 부산 모모스커피의 전주연 바리스타가 한국인 최초로 챔피언의 자리에 올라 많은 이들의 주목을 받았다. 하지만 올림픽을 비롯한 대부분의 국제 경기가 비슷한 역사를 가졌듯, 월드바리스타챔피언십 또한 세계 커피인의 축제가 되기 위해 많은 시행착오를 거쳤다.

노르웨이 바리스타 대회에서 월드바리스타챔피언십으로

월드바리스타챔피언십은 유럽스페셜티커피협회의 창립자이자 초대 회장인 알프 크라머가 노르웨이의 커피 기업 솔베르그앤한센의 윌리 한센Willy Hansen, 알비드 스코블리Arvid Skovli, 톤 리아바그Tone Liavaag와 함께 1998년 시작한 노르웨이 국내 바리스타 경연을 기반으로 만들었다. 스페셜티 커피를 홍보하고 커피인들을 한데 모을 목적으로 만들어진 이 대회는, 2000년 모로코의 몬테카를로에서 12개 국의 바리스타가 참여해 경연하며 그 시작을 알렸다.

당시 설립한 지 2년밖에 되지 않았던 유럽스페셜티커피협회는 정직원 없이 봉사 인력으로만 운영되고 있었다. 때문에 바리스타챔피언십의 체계적인 운영도 어려울 수밖에 없었다. 첫 대회에서 사용된 에스프레소 머신은 2개의 그룹헤드가 있었는데, 각각 다른 크기의 바스켓이 달린 포터필터가 꽂혀 있었다. 명확한 규정도 없어 바리스타들은 각기 다른 기준으로 시연을 진행했는데, 2초 만에 50ml의 에스프레소를 뽑은 바리스타도 있었고 카푸치노 시연에서 우유거품 대신 휘핑크림을 올린 바리스타도 있었다.

2001년 두 번째 대회부터는 미국스페셜티커피협회가 참여했다. 이 2회 대회는 마이애미에서 열렸는데, 이후 유럽과 미국의 도시를 번갈아가며 행사를 주최해 그 규모를 점차 키웠다. 2002년 오슬로 대회에서는 인도 바리스타가 아시아인 최초로 결승 라운드에 올랐고, 2003년 대회에는 호주 출신 폴 바셋이 비유럽 출신 최초의 챔피언이 되어 트로피를 들어 올렸다.

대회의 규모가 커지면서 규정에도 많은 변화가 있었다. 지금과 같이 에스프레소, 카푸치노, 시그니처 음료를 각 4잔씩 총 12잔 만드는 규정은 2003년에 만들어졌다. 이에 따라 심사위원 수도 3명에서 4명으로 늘어났고, 심사위원이 되기 위해 40개 문항에 답하는 테스트를 거쳐야 하는 규정도 생겼다.

2004년에는 대회의 평가 항목에서 '바리스타는 자신이 하는 일을 즐기고 있습니까' 등의 정성평가 질문이 없어졌다. 또, '좋다, 나쁘다'라는 추상적인 항목이 아닌 허용가능Acceptable 여부를 판단하는 등의 객관적인 항목도 생겼다. 이러한 규정의 변화는 대회에 참여하고 경연하는 일련의 과정이 스페셜티 커피를 다루는 바리스타들의 훈련 도구가 되어야 한다는 합의를 바탕으로 이뤄졌다. "경쟁을 통해 스페셜티 커피를 기반으로 한 에스프레소의 추출 및 서빙에 관한 바리스타의 지식과 전문성을 키운다"는 대회의 취지를 살리기 위해서다.

2017년 서울에서 열린 WBC 우승자 데일 해리스의 시연(위).
2018년 암스테르담에서 열린 WBC 우승자 아니에스카 로에브스카의 시연(아래).

이렇게 점차 세계 대회의 면모를 갖춰가던 월드바리스타챔피언십은 2006년에 이르러 스폰서와 자원봉사자의 부족으로 위기를 맞이했다. 대회 진행 방식이나 규정에 대해서는 개선이 이뤄져왔으나, 관람객의 꾸준한 흥미를 끌어내기에는 부족함이 많다는 비판에 직면한 것이다.

커피 업계의 혁명을 이끄는 바리스타챔피언십

고비를 맞은 월드바리스타챔피언십은 2007년 도쿄 대회를 기점으로 변화를 시도한다. 그동안 현장 관람만 가능했던 것과 달리, 모든 경연 실황을 유튜브로 중계하게 된 것이다. 세계 각국에서 선발된 최고의 바리스타들이 우아하고 멋진 경연을 펼치는 모습을 눈으로 보게 된 커피 애호가들은 열광했다.

당장 경연에 관한 상세한 내용을 공유하는 글이 트위터 등의 소셜미디어에서 퍼지기 시작했다. 특히 우승자 제임스 호프먼은 여느 바리스타들이 여러 종류의 원두를 섞은 에스프레소 블렌드를 사용한 것과 달리 코스타리카와 케냐에서 재배된 각기 다른 싱글오리진 원두를 사용해 화제를 모았다. 뿐만 아니라 각 커피의 재배, 수확, 가공, 수입에 이르는 모든 과정을 설명했는데, 스페셜티 커피 산업의 가장 중요한 요소인 원두의 추적가능성을 적극 활용했다는 평가를 받았다. 이후 대회에 출전하는 국가대표 커피인들의 원산지 방문이 보편화될 정도로, 이 경연은 산업 전반에 큰 영향을 끼쳤다. 바리스타나 로스터들뿐만 아니라 스페셜티 커피 업체들도 이러한 트렌드에 힘입어 적극적으로 커피 생산에 개입할 수 있었고, 농민들과 함께 고도, 토양, 가공 기술 등 커피 재배 전반에 관해 의견을 나누게 되었다.

이후에도 대회에서는 몇 번의 혁명적인 순간이 탄생하며 스페셜티 커피 산업 전반에 큰 영향을 끼쳤다. 대표적으로, 2013년 호주 대표로 출전한 맷 퍼거Matt Perger가 도입한 EK43 그라인더가 있다. EK43은 30여 년 전 말코닉 사에서 만든 대용량 그라인더로, 커피, 향신료, 곡물 등 무엇이든 갈아내는 기계다. 맷 퍼거는 이 오래된 그라인더가 다른 어떤 것보다 균일하게 원두를 갈아낸다는 사실을 발견했고, 과감하게 에스프레소 추출에 활용했다. 보통의 에스프레소 그라인더와 달리 포터필터를 잡아주는 지지대도 없고 필요한 양의 원두를 소분해서 갈아야 하는 구조적인 문제가 있었지만, 원두를 균일하게 갈아냄으로써 동일한 양의 원두를 사용해도 다른 그라인더보다 훨씬 더 높은 수율을 달성할 수 있었다. 2003년에 바리스타 챔피언 폴 바셋이 포터필터가 넘치도록 분쇄한 원두를 올려 담은 후 소량의 커피만을 추출하는 '업도징' 트렌드를 이끌어낸 지 10년 만에, 보다 적은 양의 커피로도 양질의 에스프레소를 뽑아낼 수 있는 기술이 완성된 것이다. 이후 일선 매장에서도 EK43 그라인더를 사용할 만큼 대유행이 일어났고, 커피 업계에서도 수율을 높여 재료의 효율성을 극대화하는 그라인딩을 지속적으로 고민하게 된다.

2015년 바리스타 챔피언 사사 세스틱Sasa Sestic이 들고 나온 OCDOna Coffee Distributor도 산업의 효율성을 높이는 데 큰 영향을 끼쳤다. 그동안 바리스타들은 원두를 포터필터 안에 고르게 담기 위해 손가락을 사용했다. 갈아낸 원두를 고르게 잘 펼친 후 탬퍼로 눌러줘야 커피가 한쪽으로 쏠려 추출되는 것(채널링)을 방지할 수 있기 때문이다. 레벨링Leveling이라 불리는 이 작업의 효율성을 높이기 위해, 사사 세스틱은 템퍼와 비슷한 형태로 디스트리뷰터를 개발했다. 손을 대지 않고도 커피를 고르게 펼칠 수 있는 이 기구는, 누구나 숙련된 기술자처럼 고른 레벨링을 할 수 있고 손을 사용하지 않아 위생적이라는 평가를 받았다. 사사 세스틱이 보여준 것은 OCD뿐만이 아니었다. 그는 에티오피아와 수단 국경에서 발견된 수단 루메Sudan Rume 품종을 탄소 침용Carbonic Maceration 가공한 커피를 선보였다. 기후변화와 경제위기로 커피 농가가 위기를 겪고 산업의 지속가능성이 위협받는 상황에서 대안을 제시한 것이다. 수단 루메는 야생 품종으로 훗날 미래 품종 개발에 활용되었고, 와인의 양조 과정을 닮은 탄소 침용 가공은 커피 산업의 외연을 넓힐 수 있는 '무산소 발효 가공' 열풍(상세한 내용은 3장 2절 참고)을 불러일으키게 된다.

본격적인 세계 대회로의 발걸음

매 대회마다 바리스타들이 커피 산업을 뒤흔드는 시연을 선보이는 가운데, 대회의 주최 측 또한 세계 대회에 걸맞은 표준화 작업에 나선다. 2011년, 유럽스페셜티커피협회와 미국스페셜티커피협회가 월드바리스타챔피언십을 비롯해 세계 커피 대회를 관장하는 월드커피이벤트WCE를 설립한 것이다.

월드커피이벤트는 설립 이래 심사위원단 양성 프로그램을 만들어 그 규모를 확장시켜왔고, 커피를 주제로 열리는 다양한 대회의 주최자가 되어 경연의 규칙을 정비하고 전략을 짜는 등의 역할을 해왔다. 그리하여 월드바리스타챔피언십 이외에도 컵테이스터스챔피언십, 라테아트챔피언십, 브루어스컵챔피언십, 커피로스팅챔피언십, 커피인굿스피릿챔피언십, 체즈베/이브릭챔피언십 또한 세계 대회로서의 면모를 갖출 수 있었다.

월드바리스타챔피언십을 비롯해 월드커피이벤트가 주관하는 커피 대회들은 이후 전 세계 커피인들에게 커피 제조 과정에 대한 판단 기준을 제시할 뿐 아니라 교육의 기반 또한 마련해주었다. 또한 로스팅 이후의 커피 숙성 방법과 상미 기간, 커피 추출 절차 등에 관해 생각하는 계기도 마련하여 커피인들이 활발하게 토론을 펼치기도 했다.

대회를 위해 산지를 찾아간 커피인들은 농민들과 적극적인 커뮤니케이션을 하게 되었고, 산지의 농장에서도 좋은 품질의 커피를 만들기 위해 품종과 비료, 재배 시기 등에 관해 근본적인 고민을 하기 시작했다. 커피인들의 축제로 시작된 대회가 산업의 미래를 이끄는 중요한 행사로 성장한 것이다.

물론 비판적인 시각이 없지는 않다. 경연을 위해서는 자신의 시연을 잘 설명할 수 있는 스크립트가 필요하다. 영어 이외의 언어를 사용하는 선수들은 통역사가 동행해야 시연을 진행할 수 있는데, 영어권 선수에게 훨씬 유리한 이 규정에 대해서는 항상 비판이 뒤따랐다. 물론 2018년 대회에서 폴란드 대표 아니에스카 로에브스카Agnieszka Rojewska가 자국어로 시연해 우승한 사례가 있다. 하지만 통역 비용을 지불할 능력이 없는 선수들은 여전히 영어 시연을 해야 하고, 자신이 준비한 커피에 관해 최선의 설명을 할 수 없는 상황을 마주한다.

대회 시연에 상대적으로 시간과 자본을 투자하기 힘든 산지 출신 커피인들이 겪는 어려움도 문제로 지적된다. 2010년과 2011년 각각 과테말라와 엘살바도르 바리스타가 2위와 1위를 차지한 적이 있었지만, 아직까지 다른 커피 산지 출신 커피인이 좋은 성적을 낸 사례가 없다. 대부분의 경기에서는 영미권이나 아시아 커피인들이 예선과 본선을 걸쳐 6명밖에 오르지 못하는 결승 무대를 장식해왔다. 정작 커피를 생산하는 국가의 커피인들이 제대로 된 환경에서 시연을 준비할 수 없고 평가받을 수 없다는 것은, 대회를 주최하고 참여하는 많은 사람이 고민해야 하는 과제다.

3장

스페셜티 커피 산업의 미래

: 내일도 커피를 마실 수 있을까

더 나은 가치사슬을 위해
: 농장 직거래와 공정무역

대안무역에 대한 사회적 관심은 1940년대부터 존재해왔지만, '공정무역'이라는 단어가 등장하고 공론화된 것은 1980년대의 일이다. 1988년, 공정무역 커피 브랜드 막스 하벨라르Max Havelaar* 인증 마크가 본격적인 공정무역의 출발점이다. 네덜란드 출신의 신학자 프란스

* '막스 하벨라르'는 1860년 네덜란드에서 출판된 소설의 제목으로, 이 소설은 네덜란드가 인도네시아에서 행했던 가혹한 식민지 수탈을 폭로해 당시 네덜란드 사회에 큰 영향을 끼쳤다.

판 데어 호프Frans van der Hoff 신부가 멕시코 농민들을 위해 만든 브랜드로, 멕시코 오악사카 주의 커피협동조합 UCIRI가 네덜란드의 개발원조단체 솔리다리다드Solidaridad에 공정한 대가를 지불받고 커피를 판매하고자 제안하면서 만들어졌다.

공정무역은 생산자들에게 최저가격을 보장하고, 선금을 지급하며, 생산조합의 민주적 운영을 도모하고, 생산지와 소비자 간의 지속적인 관계를 지향한다. 또한 재정적 투명성을 확보하고 착취 없는 노동환경을 만드는 것이 기조다. 1980년대부터 2000년 사이에 18개의 주요 수출상품의 실질국제가격이 25% 하락했는데, 그중에서도 설탕이 77%, 코코아가 71%, 커피와 쌀이 각각 64%, 61% 하락하며 남반구와 북반구 빈부격차가 엄청나게 벌어졌다. 남반구 농민들이 최악의 커피 가격으로 생사의 갈림길에 놓였던 2001년에 스타벅스는 1분기 매출만 41%, 네슬레는 20% 성장을 이뤘다. 공정무역은 이러한 무역 구조가 완전히 잘못됐다고 판단하고, 시장에 적극적으로 개입하여 농업 생산지를 보호해왔다.

탄생 이래, 공정무역은 꾸준히 제3세계 농민들과 손을 잡으며 그 영역을 넓혀왔다. 지금은 수많은 공정무역 인증기관이 전 세계 커피 산지에서 활동하고 있으며, 다국적 기업에게도 영향력을 끼쳐 스타벅스와 네슬레에서도 공정무역 커피를 구입하고 있다. 공정무역에 참여하는 커피 농민들의 삶 또한 생계를 위한 최소비용을 보장받으면서 점차 나아지고 있다. 자유무역의 확대로 급격하게 무너질 수 있었던 커피 산업의 지속가능성이 커진 것이다.

하지만 공정무역이 농민과 생산지를 완전히 보호하지는 못한다. 가령, 커피 가격 하락이 장기화되면 전통 생산자들은 심각한 손해를 입는 것이 당연하지만, 단기간에 급상승할 경우에도 이미 정해진 가격으로 커피를 판매하는 공정무역 생산조합에게는 위태로운 일이 될 수 있다. 또, 일부 공정무역 제품은 유기농 인증을 받아서 그 가치를 인정받고자 하는데, 유기농 인증의 경우 생산지 기준이 아닌 인증을 부여하는 유럽과 미국의 기준을 따르기에 농민들에게 큰 부담이다. 일각에서는 이를 두고 '생태 식민주의'라는 비판을 제기한다. 이 때문에 '버드 프렌들리', '레인포레스트 얼라이언스', '에코 오케이' 등의 인증은 긍정적인 측면에도 불구하고 '친환경 세탁'이라는 비아냥을 받고 있다.

다국적 기업에 공정무역 커피의 거래를 강제하긴 하지만, 그 비중을 강요할 수 없는 것도 문제다. 공정무역이 성장하면서, 단체 운영에 드는 비용은 세 배 이상 증가했지만 공정무역 기준가는 인상되지 않았다. 또한 각종 인증 절차도 많아지고 이에 따른 수수료가 상승했다는 점도 큰 문제 중 하나다.

공정무역은 그 역사만큼이나 복잡한 관계 속에 놓여 있고, 시스템은 개선되고 있지만 한편으로는 문제점을 낳기도 한다. 농장 직거래Direct Trade는 공정무역 시스템을 개선하기 위한 한 형태로 등장했다. 커피 산지에 규칙을 부여하기보다 상호 이익을 증진하는 것을 목적으로 개방적으로 거래를 진행한다. 산지 농민과 직접 협상하고 토론하고 관계를 만들어가면서 커피의 품질을 높이고 서로에게 이득이 되는 시스템을 구축하는 것이다. 농장 직거래가 '전문성Professionalism'과 '추적가능성Traceability'을 강조하는 이유다.

하지만 농장 직거래 또한 공정무역이 가진 한계를 완벽히 극복하지는 못한다. 대부분의 커피 생산국은 관계 법령에 따라 커피를 거래하게 되어 있어, 중간에 별도의 거래선을 두지 않고 농장과 직거래를 하기 힘든 경우가 많다. 이런 이유로, 현재 이뤄지는 대부분의 직거래는 현지 수출 업체 혹은 다국적 수출 업체를 통해 진행된다. 직거래 본연의 의미가 무색할 정도로, 농장과 직접 계약하고 소통하는 경우가 손에 꼽을 정도로 드문 상황인 것이다. 공정무역과 농장 직거래를 비롯해 커피 거래는 많은 요소의 복합적인 상호작용을 통해 이뤄진다. 그렇기에, 최선의 노력을 쏟아 붓더라도 그 결과물이 언제나 완벽할 수는 없다.

새로운 가치를 추구하는 움직임은 이런 상황에서 등장했다. 비콥B corp 인증과 지리적 표시제Geographical Identification, GI로, 공정무역과 직거래의 단점을 보완할 수 있는 제도로 주목받고 있다(비콥 인증에 관해서는 45쪽 참고).

단순히 이윤을 추구하는 것을 넘어 모든 '이해관계자의 긍정적인 영향력 창출'을 도모하는 것이 비콥 인증 기업들의 목표로, 2019년 비콥 인증을 획득한 덴마크의 스페셜티 커피 업체 커피컬렉티브는

품질이 뛰어난 커피에는 그만큼 높은 가격을 지불하는 '커피 인센티브 제도'를 운영하고 있다. 비콥 인증 획득은 커피 가치사슬의 한 주체로서 더 나은 산업의 미래를 바라보게 하는 노력의 일환이라고 할 수 있다.

GI 인증은 특정한 지역에서 생산되는 소비재를 보호하기 위해 만들어진 제도다. 대표적으로 프랑스의 상파뉴 와인, 쿠바의 시가, 이탈리아의 파르메산 치즈 등이 있는데, 최근 들어서는 커피 산지에도 GI 인증이 이뤄지고 있다. GI 인증은 주로 농산물에 부여된다. 농산물은 그 지역의 지리적·환경적 특성은 물론, 그 지역의 특수한 사회적 환경이 반영된 재배 방식이나 가공 과정 등에도 영향을 받아 만들어지기 때문이다. 한편으로 농산물은 지역경제를 지탱하는 버팀목이 되어주기도 한다. GI 인증은 지역적 정체성을 반영한 제품이 쉽게 위조되어 유통되지 않게 보호하고, 그것이 더 널리 알려지도록 홍보하는 기반이 되어준다. 또, 전통 재배 방식이나 수가공 기술 등이 지속가능할 수 있게 하여, 공장화된 대량생산으로 그 품질이 떨어지지 않게 보호한다.

앞서 말한 모든 제도가 이상적으로 구현된다 하더라도, 소비자가 관심을 쏟지 않는다면 아무런 소용이 없다. 오늘부터 내 앞에 놓인 한 잔의 커피가 어떤 과정을 거쳐서 오게 되었는지에 관심을 기울여 보자. 농민들에게는 공정한 대가를 지불했는지, 환경에는 어떤 영향을 끼치는지, 맛있는 커피를 위한 최적의 조건을 갖춰 커피가 생산되었는지 확인해보는 것이다. 작은 관심들이 모여 커피가 우리에게 오기까지의 과정에 영향을 미칠 테고, 그 영향 덕분에 커피 산업은 조금 더 올바른 방향으로 나아갈 수 있을 것이다.

내일도 커피를 마실 수 있을까 1
: 무산소 발효 가공

커피는 도시의 혈관을 카페인으로 가득 채워 그 불빛이 더욱 오래 가도록 도와준다. 뉴욕과 런던, 도쿄와 서울 등 경제의 중심지가 된 각 도시에서 커피는 없어서는 안 될 음료가 되었다. 카페인의 수혈을 원하는 곳은 이 도시들뿐만 아니다. 빠르게 성장하고 있는 중국과 인도, 러시아와 중동에서도 대도시를 중심으로 커피 소비가 늘어나고 있는데, 월드커피리서치World Coffee Research, WCR에서는 2050년에 이르면 전 세계 커피 소비량이 지금의 두 배에 이를 것이라 예측했다.

반면, 적도 주변에 위치한 커피 생산국들의 사정은 녹록지 않다. 2050년에는 지구온난화로 인해 커피를 경작할 수 있는 토지가 절반 이하로 줄어들 것이라는 전망이 나오기 때문이다. 이는 소비국에서 상품이 되어 매겨지는 부가가치와 그 거래량에 비해 생산국에 지불하는 비용이 현저히 낮고 연구개발에 대한 투자가 부족한 농산물인 오펀크롭Orphan Crop이 겪는 전형적인 문제다.

글로벌 경제위기, 지구온난화 등의 문제로 커피 생산이 힘들어질 수 있다는 전망이 나온 것은 꽤 오래전의 일이다. 하지만 선진국들이 그 위기에 본격적으로 대응하기 시작한 것은 2012년부터였다. 그 전까지는 각각의 커피 생산국에서 자국의 수출을 증진하고 농작물을 보호하려는 목적으로 개별적인 연구를 진행해왔는데, 지속가능한 커피 산업을 위해서는 더 많은 연구와 투자가 이뤄져야 하기에 월드커피리서치가 결성된 것이다.

병충해 내성이 강하면서 품질도 뛰어난 '미래 품종'인 F1하이브리드가 탄생한 것은 월드커피리서치의 노력 덕분인데, 커피가 마주한 심각한 위기를 해결하기에는 아직 부족함이 많다. 이 새로운 품종이 기존에 재배하던 아라비카 품종에 견주어 투자 대비 더 많은 수익을 보장하지는 않기 때문이다. 커피 산업의 미래와 지속가능성을 보고 투자하라고 요구하기에는, 일선 커피 농장이 지불해야 할 비용 또한 만만치 않다.

이러한 상황에서 '발효 가공'은 미래 품종과 함께 지속가능한 커피 산업을 위한 새로운 대안으로 떠오르고 있다. 수확한 커피 체리를 일정 기간 동안 산소가 차단된 공간에 두어 발효를 일으키는 방법으로, 발효 과정에 효모를 넣거나 이산화탄소를 충전하는 등의 방법으로 기존의 커피에서 경험하지 못했던 새로운 향미를 이끌어내는 것이 특징이다.

일부 전문가는 빠르게 변화하는 생산지의 상황을 고려할 때, 병충해에 강하고 생산성이 뛰어나지만 향미가 좋지 않은 로부스타 품종과 그 교배종들이 아라비카 커피를 대체하게 될 것이라 전망한다. 때문에 미래 품종이 빠르게 자리 잡지 못하는 상황에서 비교적 저렴한 비용으로 커피에 새로운 향미를 더하는 발효 가공이 대안으로 떠오르고 있는 것이다.

발효는 본래 전통적인 커피 가공에서도 존재했던 과정이지만, 이는 단순히 점액질 등 씨앗에 붙은 잔여물질을 벗겨내기 위한 목적이 강했다. 종종 특정 커피에서 추가적인 발효가 일어나 독특한 향미를 이끌어내 주목을 받았지만, 일반적으로 가공 과정에서 부가적으로 일어나는 발효는 품질 저하의 요인으로 지목되었다.

하지만 요즘 주목받고 있는 발효 가공 커피들은 기존의 커피 생산 과정에서 일어나는 발효와 달리 산소를 차단하거나 줄이는 공정이 추가된다. 이 과정에서 젖산Lactic Acid 발효가 늘어나는데, 단맛을 만들어내는 젖산Sweet-tard Lactic Acid이 커피 맛에 긍정적인 영향을 미치게 된다. 가공 과정에서 미생물이 미치는 영향을 통제하면서 새로운 맛과 향을 만들어내는 길을 찾은 것이다.

이는 와인과 맥주의 발효 가공 발달과 닮았다. 특히 와인 산업은 파스퇴르가 미생물의 생명활동을 밝혀낸 이후 극적인 변화를 겪었는데, 그 전까지의 양조는 불확실성이 많았고 잘못 발효된 와인이 퀴퀴한 냄새를 풍기는 경우도 잦았다. 하지만 미생물이 와인의 발효 과정에 미치는 연구가 지속되고, 양조 과정에 인공배양 효모를 사용하기 시작하면서 와인 산업은 비약적으로 발전했다.

커피 가공에 일찍이 발효를 활용하지 못했던 것은 그 메커니즘이 와인이나 맥주와 달랐기 때문이다. 와인과 맥주의 경우 발효하는 주체가 음료에 직접적인 영향을 미친다. 하지만 커피의 경우 과육과 점액질이 발효를 일으킬 뿐 최종 생산물인 씨앗(생두)은 발효하지 않는다. 이런 이유로 최근까지도 발효의 필요성에 대한 의문이 제기되었고, 기계로 과육과 점액질을 벗겨내 발효가 미칠 수 있는 영향을 최소화하는 방식을 도입한 농장도 있다. 그러던 중 2014년 코스타리카 컵오브엑설런스에서 카페 데 알투라Cafe de Altura de San Ramon가 가공한 엘디아만테El Diamante 농장의 커피가 7위에 오르면서 무산소(저산소 발효) 가공이 주목받기 시작했다. 같은 농장의 무산소 발효 커피는 2015년 컵오브엑설런스에서도 4위에 올랐고, 2015년 월드바리스타챔피언십에서는 사사 세스틱이 와인 업계에서 사용하던 탄소 침용Carbonic Meceration 방식을 커피 가공에 활용해 우승하기도 했다. 이후, 가공 과정에서 산소의 유입을 차단하고 발효의 기능을 극대화한 커피가 전 세계적으로 큰 인기를 끌면서 커피 업계에 본격적인 '발효 전쟁'이 일어난다.

발효 커피에 대한 관점은 다양하다. 가장 논쟁이 되는 부분은 발효 커피에서 느낄 수 있는 특유의 향미다. 시나몬 같은 향신료나 진저브레드 같은, 기존의 커피 향미 범주에 포함되지 않았던 맛과 향이 강하게 뿜어져 올라오기 때문이다. 최근에는 발효 과정에 산소를 차단하고 이산화탄소를 투입(침용)하는 방법 외에도 과일이나 각종 효모 등을 추가로 넣어 독특한 맛과 향을 더하는 경우도 많다. 이런 현상에 대해 일부 전문가들은 발효 가공이 커피 본연의 맛을 해치며, 과도한 가공은 가향 홍차처럼 인공적인 향을 더한 것에 불과하다는 냉혹한 평가를 내리기도 한다.

아직까지 가공 과정에서의 발효가 커피의 향미에 미치는 영향을 과학적으로 원활하게 설명하지 못한다는 점도 해결해야 할 문제다. 검증된 이론이 없으니 각각의 농장에서 통제되지 않은 방법으로 나름의 해석에 따라 커피를 가공하게 되는데, 그 결과물이 매번 다르게 발현되는 경우가 많다. 하지만 처음 와인 가공에 인공배양 효모를 사용했을 때에도 시행착오가 있었듯, 이 모든 논쟁 또한 발효 가공이 커피 산업의 필수요소로 자리 잡기 위해 불가피한 과정이라고 볼 수 있다.

발효는 커피가 생산되는 지역의 미생물과 상호작용하면서 일어난다. 그러니 품종부터 토양, 재배 등 커피가 자라는 자연적 요소들의 총체를 의미하는 '테루아'에 발효 가공 과정 또한 포함될 수 있다. 그 과정이 잘 통제된 발효 커피는 그야말로 그 지역의 테루아를 한껏 담은 커피라고 평가할 수 있는 것이다.

발효 가공의 유행이 농장에 미치는 긍정적인 영향도 있다. 효과적으로 발효 가공을 하고 긍정적인 향미를 뽑아내는 과정에서, 과거에

EL CANTARO

는 전통적인 방식을 따랐던 세세한 부분까지 체계적인 절차로 개선하려는 시도가 일어났기 때문이다. 잘 발효된 커피가 시장에서 높은 수익을 보장하니, 농민들은 농장에 투자할 수밖에 없다.

과학적인 연구도 꾸준히 진행되고 있다. 스타벅스나 SPC 그룹 같은 식품 기업에서는 커피 농장과 긴밀하게 협업해 새로운 가공 방식을 실험하거나 상용 효모와 유산균을 투입해 보다 균일한 품질의 발효 커피를 생산하고 있다. 무엇보다도 지속가능한 커피 산업의 유력한 대안이라는 점에서 발효 커피는 그 의미가 상당하다. 경제적으로 위기를 맞고 있는 농장에서 높은 부가가치를 올릴 수 있는 방안이 될 뿐더러, 품질이 낮지만 전염병 내성이 강한 로부스타 같은 품종의 품질을 통제할 수 있다는 희망이 되어주기 때문이다.

내일도 커피를 마실 수 있을까 2
: 지속가능한 커피 산업과 미래 품종

실론(스리랑카)은 원래 커피의 섬이었다. 18세기 영국의 커피 소비는 날로 늘어나고 있었는데, 영국 식민지 중에서 커피를 재배하는 곳은 없었다. 때마침 영국은 나폴레옹 전쟁을 통해 열대 기후에 위치한 실론의 통치권을 할양받았다. 일찍이 네덜란드인들이 커피 경작에 실패하고 자바 섬으로 넘어간 것과 달리, 영국인들은 끈질긴 도전 끝에 실론을 커피의 섬으로 만들었다. 1795년 영국 동인도회사가 실론의 통치권을 넘겨받은 이후 실론의 커피 거래량은 지속적으로 증가해 연 1억 파운드를 넘길 정도였다. 당시에는 손에 꼽히는 커피 생산지로 발돋움하게 된 것이다.

하지만 기쁨은 오래가지 못했다. 1869년, 훗날 '커피녹병'이라 불릴 헤밀레이아 바스타트릭스Hemileia vastatrix라는 병원균이 등장했기 때문이다. 이 병에 걸린 커피나무는 잎에 주황색 가루가 점무늬 형태로 나타난다. 따라서 감염된 나무는 광합성을 할 수 없어 수확이 불가능해진다. 그 나뭇잎의 형태를 따 커피녹병이라는 이름이 붙은 이 전염병은 삽시간에 번져나갔고, 실론은 더 이상 커피나무가 자랄 수 없는 섬이 되었다.

이후 영국은 실론에서의 커피 재배를 포기하고 차나무를 심게 된다. 우리가 알고 있는 그 '실론티'의 등장이 커피 재배의 흑역사와 맞닿아 있는 것이다. 지금도 영국인은 알코올(위스키나 맥주) 다음으로 커피를 많이 소비하는데, 실론이 커피를 잃지 않았더라면 영국은 홍차가 아닌 커피의 나라가 되었을 것이라고 말하는 사람들도 있다.

커피녹병은 이후 전 세계 커피 재배에 영향을 미치게 된다. 대표적으로, 네덜란드의 식민지이자 당시 최대의 커피 생산지였던 자바의 커피 농장들이 녹병의 피해를 입고 품질이 뛰어난 아라비카 품종의 재배를 포기했다. 이후 네덜란드는 자바 섬에 녹병 저항력이 강한 로부스타 품종을 심었다. 같은 피해를 입은 주변 국가의 농장 또한 같

© Rawpixel/depositphotos

한때 커피의 섬이었던 스리랑카는
커피 전염병으로 인해 차의 섬이 되었다.

은 방식을 따랐는데, 아직도 아시아 전역에 로부스타 재배가 큰 비중을 차지하는 이유이기도 하다.

2012년 중미와 멕시코 남부를 휩쓸었던 커피녹병은 아직도 그 위력이 얼마나 대단한지 실감하게 만든다. 6억 에이커에 달하는 농작지가 피해를 입고 1,700만 명에 달하는 농민이 일자리를 잃었다. 이듬해인 2013년의 커피 생산량은 전년보다 18.64% 줄었고, 농장들의 피해는 32억 달러에 달할 것으로 추정된다.

커피의 미래를 불투명하게 하는 것은 전염병만이 아니다. 지구온난화로 인해 커피 품종이 멸종위기에 놓여 있기 때문이다. 아라비카종은 평균기온이 섭씨 23도를 넘어서면 발육과 결실에 문제가 생긴다. 각종 전염병에 내성이 강해 아라비카의 자리를 대체하기도 했던 로부스타종은 서리에 취약하다. 2050년이 되면 로부스타 생산의 중심지인 아프리카 콩고 지역이 커피 생산에 부적합한 기후로 변할 것이라는 연구 결과가 나오기도 했다.

국제자연보전연맹IUCN은 커피 품종 중 60%가 멸종 위험에 처해 있으며, 그중 45%는 그 어떤 유전적 정보도 채집되지 않았다고 밝혔다. 아프리카, 아시아, 남미에서 주로 재배되는 작물들은 상대적으로 연구투자가 부족해 오펀크롭Orphan Crop이라고 부른다. 앞서 말한 것처럼, 멸종위기를 맞고 있는 커피 또한 대표적인 오펀크롭이다. 지구온난화와 각종 질병으로 생산에 차질을 빚고 있지만, 이런 사정에 소비국이 무관심한 탓에 멸종위기를 맞이하고 있기 때문이다.

그렇다면 우리에게 희망은 있을까? F1하이브리드 품종들은 '미래 품종'이라 불린다. 기후변화와 새로운 전염병의 출몰에 대비해 월드커피리서치에서 오랜 연구를 통해 개발한 품종들이기 때문이다. 총 826종의 아라비카종 커피나무들의 유전적 연구를 통해 100종을 선별해냈고, 이들의 유전자 매트릭스를 활용해 게이샤Geisha처럼 높은 품질을 가지면서도 오바타Obata처럼 병충해에 강한 품종을 개발했다. 현재까지 54종의 조합이 탄생했으며, 2017년부터 46종이 코스타리카, 엘살바도르, 르완다 등지에 옮겨져 실험적으로 재배되고 있다.

F1하이브리드 품종들은 미래 품종이라는 별칭답게 부모 유전자의 장점만을 이식받아 우수한 품질과 높은 생산성을 보여준다. 실제로 2018년 니카라과 컵오브엑설런스에서는 상위 20개의 커피 중 9개가 F1하이브리드 품종이었다. 하지만 여전히 한계는 있다. 무엇보다도 씨앗의 가격이 일반 커피 씨앗에 비해 비싸다. 또, 자라난 커피들에서 받은 씨앗을 다시 심을 경우 나오는 2세대(F2)가 1세대(F1)의 특징을 물려받을 확률이 매우 낮다. 현재까지는 실험실에서 진행되는 클로닝(유전적 복제)을 통해서만 묘목을 키울 수 있는데, 이에 대해서는 월드커피리서치 또한 꾸준히 해결책을 모색하고 있다. 에티오피아와 코스타리카 등 각 커피 생산국의 연구소에서도 품종에 관한 연구를 활발하게 진행하고 있다. 국가의 기간산업인 커피 생산을 지속하기 위한 노력을 아끼지 않는 것이다.

200여 년 전 실론이 마주했던 위기는 이제 전 지구적인 문제가 됐다. 전염병의 유행으로 커피 농가들은 큰 타격을 입었고, 기후변화와 환경오염 또한 갈수록 심각해지고 있다. 그렇기에 더 많은 사람들이 지속가능한 커피 산업에 대해 고민해야 한다. 공정무역이나 직거래 등을 통해 생산국과 소비국 간의 경제적 불균형을 해결하는 일부터 품종 개량까지, 지속가능한 커피 산업을 위한 다양한 연구와 투자가 필요하다.

동시에 커피 소비자들의 어깨도 무거워졌다. 소비자의 꾸준한 행동이 다국적 커피 기업의 변화를 일으킬 수 있기 때문이다. 씨앗에서 한 잔의 커피가 되기까지의 모든 과정에 우리가 관심을 갖고 변화를 이끌어낸다면, 커피는 아주 먼 훗날에도 많은 이들에게 행복을 전할 수 있는 농작물로 남을 것이다.

Part 2

스페셜티
커피가
무엇이냐고
물으신다면

4장

스페셜티 커피는 비싼 커피입니까?

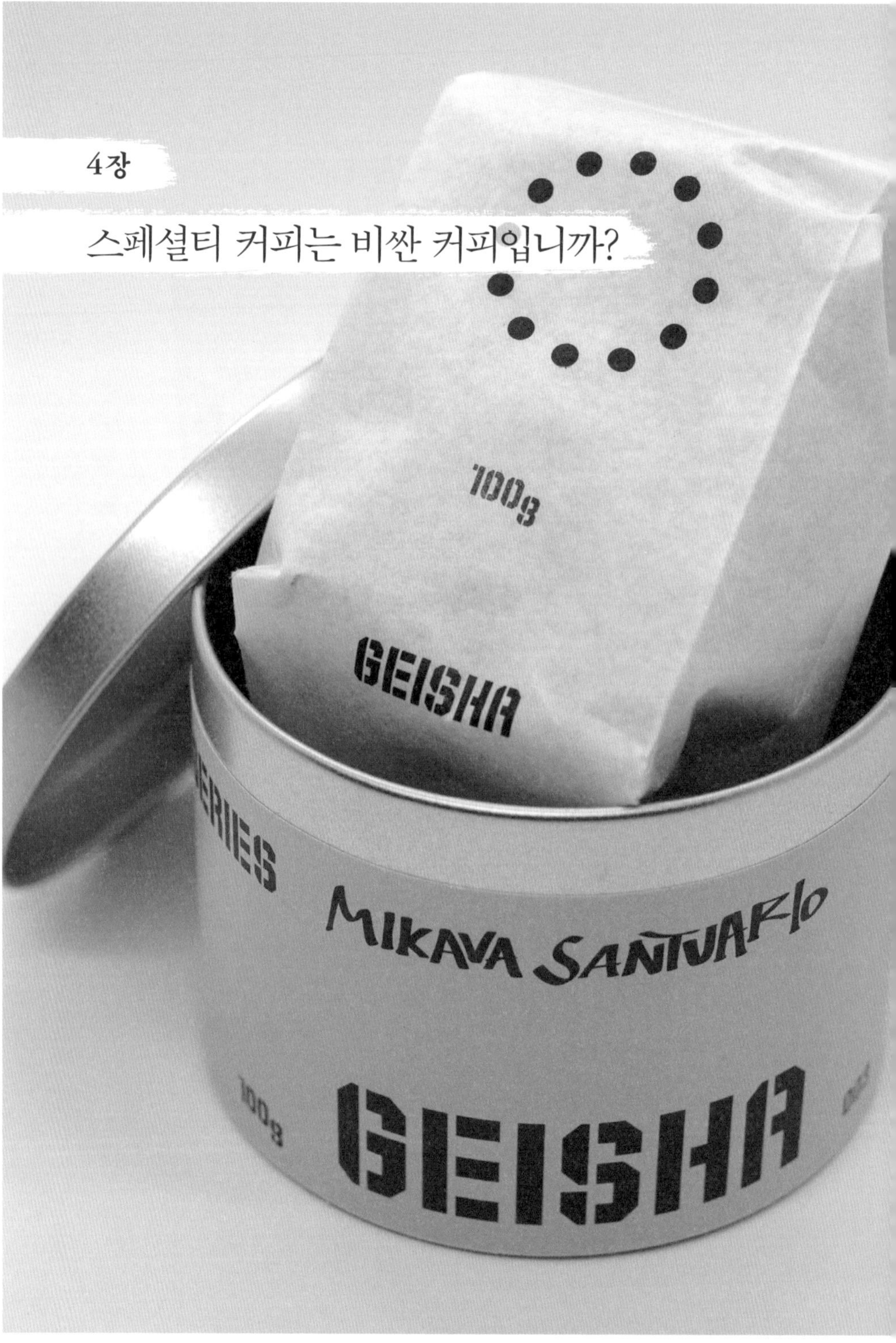

그래서 최고의 커피는 무엇입니까?
: 3대 커피와 커피 루왁

영화 〈나는 공무원이다〉의 주인공 한대희(윤제문 분)는 마포구청에서 근무하는 10년차 7급 공무원으로, 자신의 삶과 직업에 200% 만족하며 한순간도 빈틈을 보여주지 않으려는 완벽주의자이자 상식의 달인이다. 그는 상식의 달인답게 각종 3대 '무엇'을 외우고 다니는데, 그 분야는 맥주나 기타리스트, 열대어에 이르기까지 다양하다. 때문에 그는 누구에게서나 교양 넘치는 공무원으로 인정받는다.

영화의 한대희처럼 어떤 분야의 3대장을 아는 것이 교양이라고 생각하는 사람들이 종종 있다. 물론 커피에도 3대장이 있는데 바로 자메이카 블루마운틴, 하와이안 코나, 예멘 모카 마타리다. 또 이 3대장과 같이 언급되는 것으로 루왁 커피가 있다. 누가, 언제, 어떤 기준으로 정했는지 모르는 이 진귀한 커피 리스트는 시간이 흘러, 마치 신비로운 용 이야기처럼 누군가의 교양을 쌓는 데 일조하고 있다.

"내가 언제 ○○커피를 마셔봤는데, 아주 귀한 맛이 나더라고!"

3대 커피와 루왁은 모두 생산량이 넉넉하지 않다는 공통점이 있다. 블루마운틴 커피는 자메이카가 원산지로, 일본의 자메이카커피산업협회가 관리하고 공급한다. 1964년 자메이카가 영연방에서 독립한 이후 어려움을 겪던 커피 농장들을 수교를 계기로 일본이 관리하게 되면서 그 물량을 독점한 것이다. 하와이안 코나는 미국 하와이에서 재배되는 커피로, 생산량 자체가 많지 않다. 대부분의 커피는 하와이 안에서 소비되는데, 인건비 등의 이유로 판매가격 자체가 높게 형성되어 있다. 예멘은 오래된 커피 산지 중 하나로, 에티오피아에서 전파된 커피를 심어 대표 항구인 모카를 통해 수출하게 된 것이 그 명성의 시작이다. 2015년에는 목타르 아칸사르Mokhtar Alkhanshali라는 예멘 출신 미국인이 직접 커피를 공수해 블루보틀에 팔기 시작하며 화제가 되었다. 하지만 예맨 커피는 여전히 내전 등 정치 불안으로 인해 구매 자체가 쉽지 않다.

아직도 인도네시아 자바 지역의 특산물로 손꼽히는 루왁은 사향커피Civet Coffee라고도 불린다. 사향고양이는 잘 익은 커피 열매만 골라서 먹는 특성이 있는데, 이 열매가 고양이의 소화기관을 거치며 자연스럽게 가공이 이뤄진다. 사향고양이의 배설물을 채취해 커피 씨앗을 골라낸 후 잘 씻어 로스팅을 하면 우리가 아는 루왁 커피가 된다. 본디 야생 사향고양이의 배설물을 채집해 사용하는 것이 정석이지만, 고양이를 가둬 강제로 커피 열매를 먹이거나 사향쥐나 코끼리의 배설물에서 커피 씨앗을 채집하는 경우도 있다. 이 커피는 기본적으로 동물을 학대한다는 점에서 큰 비난을 받아왔다. 최근에는 사향고양이가 박쥐에 있는 메르스 등 인간에게 치명적인 바이러스를 매개한다는 사실이 알려져 논란이 되기도 했다. 윤리적인 방식으로 야생 사향고양이의 배설물만을 채집한다고 주장하는 업체도 있지만, 여전히 숲 속을 돌아다니며 배설물을 채집하는 노동자들의 안전 등의 문제는 해결하지 못하고 있다.

드라마 〈커피프린스 1호점〉이 안방의 주인공이 되었던 시절만 해도 3대 커피와 루왁 커피의 위상은 대단했다. 이 커피를 마신 무용담을 풀어내는 것만으로도 주변인들의 환심을 사는 것이 충분할 정도였다. 하지만 시간이 흐르고 커피 산업이 발전하면서 이들의 위상을 위협할 만큼 좋은 품질의 커피가 많이 등장했다. 추적가능성이 커피 품질을 보장하면서, 가치사슬에 담긴 이야기들도 함께 주목을 받았다. 사향고양이가 배설하는 이야기보다 더 흥미로운 주제가 많아진 것이다.

커피 맛에 대한 객관적인 평가 체계가 생긴 것도 주효했다. 특히 루왁 커피의 경우 전문 커퍼들에게 좀처럼 좋은 평가를 받지 못했는

lowkey
Sahong

데, 비슷한 조건에서 인간의 힘으로 재배한 커피보다 산미가 덜 느껴지고 보디감도 약하기 때문이다. 소화기관이 발효에 미치는 영향이 미미하다는 연구 결과도 나왔다. 뿐만 아니라 최근에는 동물의 소화기관보다 더 정밀하게 향미를 조절할 수 있는 무산소 발효 가공이 주목받고 있기도 하다.

커피를 넘어, 이제는 3대 무엇을 뽑는 행위 자체가 줄어들고 있다. 스마트폰 검색만으로 원하는 정보를 언제든 찾아볼 수 있고, 타인에게 획일적인 취향을 강요하기보다 스스로 취향을 만드는 것을 더 존중하는 시대가 되었기 때문이다. 커피 또한 카페인을 충전하기 위해 마시는 목표지향의 음료에서, 나와 타인의 취향을 존중하며 마시는 관계의 음료로 변해가고 있다. 그것을 얼마나 어렵게, 얼마나 비싼 돈을 주고 구했는지보다 누구와 어떻게, 무엇을 위해 마셨는지가 더 중요한 문제가 된 것이다.

그러니 이제는 최고의 커피를 꼽아야 한다면 손가락 열 개로도 부족할 수밖에 없다. 어떤 날에는 최선을 다해 최고의 맛을 키워준 농민에게 인센티브를 주고 구매한 커피가, 어떤 날에는 힘든 하루에 위로의 말을 건네준 바리스타의 커피가, 어떤 날에는 사랑하는 사람과 마신 한 잔의 커피가 인생에서 잊지 못할 최고의 커피가 되기 때문이다.

커피 옥션은 무엇을 하는 곳인가요?
: 컵오브엑설런스와 베스트오브파나마

커피는 비싼 음료일까? 한 잔에 2,000원짜리 커피가 있는가 하면, 1만 원이 넘는 커피도 있다. 물론 카페에서 마시는 커피 한 잔의 가격에는 카페의 임대료, 바리스타 등의 인건비가 모두 녹아 있지만, 커피 가격은 역시 원재료, 즉 커피 산지에서 구입하는 생두의 가격이 가장 큰 부분을 차지한다. 결국 생두의 수급 상황과 품질에 따라 커피의 가격이 결정되는 것이다. 그렇다면, 이 생두의 가격은 누가, 어떻게 결정하는 것일까?

생두 가격은 해마다 최고기록을 경신하고 있다. 다행히 산지와 직거래를 하는 업체가 있어 합리적인 가격으로 고품질의 커피들을 많이 만날 수 있지만, 다양한 경진대회를 통해 유통되는 커피들이 시장에서 더욱 많은 관심을 받는 현실을 부정하기는 어렵다. 특히, 2대 커피 경진대회인 베스트오브파나마와 컵오브엑설런스는 커피 가격 상승의 주범으로 악명이 높다. 특히 이들 경진대회에서 상위에 오른 커피는 경매 시스템으로 판매되기 때문에 커피 가격을 꾸준히 상승시키고 있다. 그럼에도, 이런 경진대회를 통해 커피의 객관적인 품질이 보장되고, 화제성이 생기며, 커피 재배 농가에 합당한 보상을 제공한다는 점에서 자세히 살펴볼 필요가 있다.

컵오브엑설런스(COE)

현재 명실상부 세계 최고의 커피 경진대회로 꼽히는 것은 컵오브엑설런스Cup of Excellence(이하 COE)다. COE는 1999년 브라질스페셜티커피협회 주최로 시작한 커피 경진대회에 뿌리를 두고 있다. 이를 2002년 조지 하월George Howell과 수지 스핀들러Susie Spindler가 이끄는 비정부기구 ACEAlliance for Coffee Excellence의 주도로 COE로 체제를 변경하여 오늘날에 이르고 있다.

참여 국가는 주요 커피 생산국을 아우르고 있다. 중남미의 브라질, 과테말라, 니카라과, 엘살바도르, 온두라스, 콜롬비아, 코스타리카, 멕시코, 페루, 아프리카의 르완다, 부룬디, 에티오피아 등의 커피 농가가 참가하고 있으며, 아시아 생산국으로는 최초로 2021년부터 인도네시아가 참가하고 있다.

COE는 모두 세 단계의 심사를 통해 우승 커피를 선정한다. 산지의 심사위원이 주도하는 1차 예선과 국제 심사관들이 해당 국가를 방문해 심사하는 2차 예선을 거쳐 최종 결선에 진출할 커피들이 결정되고, 결선에서는 우승 커피를 포함한 30위까지의 커피들이 선정된다. 비정부기구 ACE의 엄격한 심사에 의해 최종 선정된 상위권 커피들은 자체 경매 시스템을 통해 판매된다.

COE의 대표적인 심사관 및 임원은 창립 멤버 조지 하월과 수지 스핀들러를 비롯해 일본 스페셜티 커피의 대부 하야시 히데타카, 아시아 최고의 스페셜티 커피 회사 마루야마커피의 마루야마 겐타로, 한국 스페셜티 커피 산업 발전에도 큰 공헌을 한 이토이 유코, 브라질스페셜티커피협회의 바누샤 노게이라Vanusia Nogueira, 한국 최대의 커피 업체 테라로사의 이윤선 등을 꼽을 수 있다. 해마다 열리는 COE 옥션에는 한국의 테라로사, 커피리브레, 모모스커피, 엘카페, 커피몽타주, 메쉬커피, 커피미업 등을 비롯해 전 세계 유수의 카페와 커피 업체가 꾸준히 참여해 좋은 커피를 확보하기 위한 경쟁을 벌이고 있다.

이런 경쟁 탓에, COE 경매의 낙찰 가격은 꾸준히 상승하고 있으며, 이것이 커피 가격 상승의 주범으로 오해를 받곤 한다. 그러나 이는 양질의 커피를 발견하고, 산지의 농민들에게 적절한 보상을 제공하는 시스템으로 보는 것이 적절하다.

베스트오브파나마(BOP)

베스트오브파나마Best Of Panama(이하 BOP)는 1996년 파나마스페셜티커피협회 주관으로 시작한 파나마 국내 커피 경진대회다. 초기에는 브라질, 콜롬비아에 비해 상대적으로 열악한 파나마의 지역 커피 축제에 불과했으나, 2004년 보케테 지역의 에스메랄다Esmeralda 농장에서 '신의 커피'로 알려진 게이샤 품종을 대회에 출품함으로써 파나마의 커피뿐 아니라 베스트오브파나마라는 커피 경진대회까지 세계적인 명성을 얻게 되었다.

해마다 열리는 BOP에서 우승 커피의 경매는 세계 최고가격을 꾸준히 경신하고 있다. BOP는 게이샤, 파카마라, 카투라의 3개 커피 품종을 평가 대상으로 하는데, 게이샤 부문이 압도적으로 인기가 많다. 게이샤 부문에서는 전통의 에스메랄다 농장 이외에, 최근 들어 3년 연속 우승을 차지한 엘리다Elida 농장과 바리스타 챔피언들이 사랑하는 데보라Deborah 농장이 꾸준히 입상권에 오르고 있다. 중남미에서 많이 재배되는 카투라Caturra 품종은 아직까지 특별한 화제가 되지 않고 있지만, 파카마라Pacamara 품종은 최근 들어 매우 훌륭한 결과물을 내고 있다. 2016년 파카마라 분야에서 한국 출신 강혜경 씨가 경영하는 아시엔다 돈 훌리안Hacienda Don Julian 농장이 우승을 차지했는데, 뉴질랜드 교포 이나라 바리스타가 이 커피를 사용해 뉴질랜드 챔피언으로 선발되기도 했다.

세계적인 규모로 성장한 BOP는 지금도 파나마스페셜티커피협회 주관으로 운영되고 있으며, 해외 심사관들도 초빙되어 참여하고 있다. 한국에서는 바리스타 겸 로스터인 커피플랜트의 복성현, 유동커피의 유동, 게락커피의 주영민이 심사관으로 참여 중이며, 전 세계의 커피인들이 이 커피 경진대회의 결과를 주목하고 있다. 해마다 세계 최고가격을 경신하는 BOP는 커피의 품질이 기록적으로 상승할 뿐 아니라 꾸준히 커피 산업에 활기를 불러일으킨다는 점에서 큰 의미가 있다.

세상에서 가장 비싼 커피
: 게이샤 품종과 파나마 게이샤 커피

2021년 베스트오브파나마에서 핀카 누구오 퍼멘티드Finca Nuguo Fermented(누구오 농장의 발효 가공) 커피가 파운드당 2,568달러에 낙찰되었다. 코로나 대유행 사태에도 불구하고, 2020년의 기록 1,300달러를 가볍게 뛰어넘었다. 운송비용과 통상적인 관부가세를 포함하면, 1킬로그램당 700만 원을 훌쩍 넘는 가격이다. 뉴욕 선물거래소 시세 콜롬비아 아라비카 커피 기준으로 통상적인 유통 커피의 1,000배가 넘었다. 올해도 변함없이 베스트오브파나마의 게이샤 커피가 지구에서 가장 비싼 커피가 된 것이다.

게이샤 커피 품종의 기원은 1930년 영국인 리처드 웨일리Richard Whalley가 에티오피아의 고리 게샤 숲에서 발견한 커피 묘목이라는 주장이 가장 일반적으로 받아들여진다. 에티오피아에서 발견된 묘목은 코스타리카 열대농업연구센터를 거쳐 1960년에 파나마 보케테 농업 사절단과 함께 에스메랄다 농장으로 전파되었다. 초기에는 발견된 숲의 이름을 따 게샤Gesha라고 불렸는데, 다양한 지역을 이동하면서 게이샤라는 이름이 널리 사용되고 있다. 일본의 게이샤와는 아무 연관이 없다. 최근 들어 커피인들은 게샤라는 원래 이름을 쓰는 것을 선호한다.

게이샤는 열매와 잎이 큰 대형종이다. 초기에는 티피카Typica, 버번

NEXT
LEVEL

FRITZ
GEISHA
PRESENT
프릳츠

FELT
Gourmet

Bourbon 같은 고가 품종의 보호수로 사용되었는데, 캘리포니아대학 생물학과 교수 출신인 프라이스 피터슨Price Peterson 씨의 에스메랄다 농장이 2004년 베스트오브파나마에 출품하면서 전 세계에 알려지게 되었다. 게이샤 커피는 첫 출전부터 화제가 되었다. 세계적으로 유명한 부트커피의 윌렘 부트Willem Boot와 인텔리젠시아의 제프 와츠Jeff Watts는 크게 열광했고, 그린마일커피의 돈 홀리Don Holly 심사관은 "나는 지금 신의 커피를 마시고 있다"라는 표현과 함께 역사상 처음으로 만점 평가지를 제출했다.

파나마의 게이샤 커피는 이전까지 세계 최고의 커피로 평가받았던 자메이카 블루마운틴 커피 가격을 가볍게 경신했고, 해마다 세계 최고의 커피로 자리매김하고 있다.

게이샤 커피에 대한 호불호는 의외로 명확하다. 전통적인 커피와 명확하게 다르기에 좋아하는 사람들이 많은 반면, 색다른 향미 때문에 불편해하는 소비자도 의외로 많다. 간단히 설명하자면, 첫인상은 과일, 꽃, 초콜릿, 캐러멜의 향미와 질감이 유사하다. 조금 구체적으로 설명하면 장미, 복숭아, 자몽과 같은 과일 향과 꽃향기가 섬세하게 어우러진다. 특히 장미와 같은 질 좋은 향수의 우아함이 도드라지고 샴페인 같은 청량한 산미가 반짝이고, 캐나다 동토에서 새벽에 수확한 포도로 정성껏 만든 아이스 와인같이 달콤하면서 향기롭다. 마지막으로 진득한 초콜릿의 질감을 거쳐, 캐러멜과 같은 달콤함과 깔끔함으로 마무리된다.

게이샤 커피의 등장 이후 스페셜티 커피 산업 전체가 폭발적으로 발전했다 해도 과언이 아니다. 전통적인 커머셜 커피 진영에서는 과일과 꽃으로 상징되는 산미의 표현에 거부감을 갖기도 했지만, 일련의 미식 논쟁을 통해 장기적으로 스페셜티 커피 산업의 도래가 빨라지는 계기가 되었다. 파나마에서 재배된 게이샤 커피들이 세계 최고 가격으로 유통되지만, 과테말라 최고의 스페셜티 커피 농장인 엘인헤르토El Injerto, 콜롬비아의 엘푸엔테El Puente와 세로아줄Cerro Azul 등도 훌륭한 게이샤 품종을 재배하고 있다.

해마다 최고가격을 경신하는 게이샤 커피를 둘러싼 논쟁을 바라보는 커피인들의 시선은 복잡하다. 가격 논쟁으로 커피 산업이 화제가 되는 과정은 환영할 만하지만, 커피 평균가격의 1,000배가 넘는 가격이 적정한가에 대한 논쟁을 피할 수 없다. 그나마 최근 들어 실력 있는 커피인들을 중심으로 양질의 게이샤 커피를 직거래로 들여오면서, 국내 게이샤 커피의 가격이 안정되고 있다.

얼마 전 최고의 와인으로 손꼽히는 로마네콩티의 일부 빈티지가 케이스당(3병) 1억 원이 넘는 가격에 판매되었다. 과도하게 부풀려진 게이샤 커피의 가격이 조심스럽지만, 원가 1만 원의 커피 가격이 마냥 사치스럽게 느껴지지는 않는다. 길지 않은 인생, 한 번 정도 커피 호사가 주는 만족감이 생각보다 깊다.

커피 업계의 테슬라,
나인티플러스

입장권을 보여주니 바리스타가 매장 한켠에 있는 테이스팅 룸으로 안내한다. 향과 맛에 집중할 수 있는 몇 평 남짓의 작은 공간에는 테이스팅 코스를 진행할 1명의 바리스타와 3명의 고객이 마주하고 있다. 이날 시연은 커피 업계의 일론 머스크라고도 불리는 조지프 브로드스키Joseph Brodsky가 설립한 나인티플러스Ninety Plus의 실험적인 커피 2종을 맛보는 코스다. 파나마에서 재배된 게이샤 품종의 커피에 독특한 가공 방식을 더해, 마치 향기로운 청주나 잘 구워낸 빵 같은 향미를 품은 커피였다.

나인티플러스의 농장은 파나마 북쪽에 위치해 있다. 코스타리카와의 국경에서 멀지 않은 이곳은 야생 커피들이 자라나는 에티오피아의 산기슭과 유사한 환경이 조성되어 있다. 야구장 150개를 합친 크기의 이 농장이 세계 커피인들의 주목을 받기 시작한 것은 2014년부터다. 그리스 출신의 스테파노스 도마티오티스Stefanos Domatiotis가 월드브루어스컵챔피언십에서 트로피를 거머쥘 때 사용한 것이 바로 파나마에서 재배된 나인티플러스 게이샤 커피였기 때문이다. 나인티플러스는 이후 이어진 다섯 차례의 챔피언십에서 네 번이나 킹메이커의 역할을 하면서, 대회에 출전하는 커피인들은 물론이고 커피 마니아들에게도 많은 사랑을 받았다.

BROTHERS
BARISTA
WELCOME

조지프 브로드스키는 나인티플러스를 이끄는 영감의 원천으로 천혜의 자연이 있는 에티오피아를 이야기한다. 그가 커피를 시작한 것은 2000년으로, 다니던 대학을 그만두고 26세의 나이로 콜로라도 덴버에 노보커피Novo Coffee를 오픈하면서부터다. 오직 에티오피아 커피만을 로스팅하고 판매하기 위해 만들었던 그곳의 운영을 위해 그는 수없이 아프리카로 향했다. 그리고 2005년에는 아예 에티오피아로 자리를 옮겨 그곳의 다양한 야생 품종을 연구하기 시작했다.

2,000여 종이 넘는 야생 품종 커피가 곳곳에 질서 없이 자라고 있는 에티오피아에서는, 한 품종의 커피만을 수확해 유통하는 일이 힘들다. 하지만 브로드스키는 4년간 농민들과 함께 더 좋은 맛과 향을 내는 품종들을 골라 재배했다. 그렇게 해서 스페셜티 커피 업체들에게 90점이 넘는 평가를 받는 양질의 에티오피아 커피를 선보인 것이 나인티플러스의 시작이다.

좋은 품종의 커피를 정제된 환경에서 길러내자 브로드스키의 욕심은 파나마로 향한다. 다양한 품종을 재배하고 기상천외한 가공 과정을 실험하고 있는 나인티플러스 파나마 농장은, 에티오피아의 커피를 수출해 창출한 수익으로 만들어졌다. 브로드스키는 5년이 넘는 기간 동안 커피나무뿐 아니라 커피나무가 기댈 수 있는 그늘을 제공하는 나무까지 심어가며 커피가 자라는 에티오피아의 환경을 파나마에 재현하려 노력했다. 그 결실은 대회의 성적은 물론 커핑 점수로도 나타났다. 100점 만점인 커피 평가 체계에서 좀처럼 나오지 않는 97점의 점수를 수차례 기록한 것이다.

하지만 나인티플러스가 항상 좋은 평가를 받았던 것은 아니다. 고품질의 커피인 만큼 유통 과정 또한 중요한데, 일부 커피가 소비자에게 전달되는 과정에서 문제가 발생했던 것이다. 결국 나인티플러스는 전 세계 로스터리에 직접 생두를 판매하는 방식으로 전략을 바꾸게 된다. 앞서 소개한 테이스팅 코스는 한국의 스페셜티 커피 로스터리인 빈브라더스Bean Brothers가 옥션에서 좋은 성적을 기록한 커피의 시음행사 등을 진행하고 판매하는 '옥션 시리즈' 프로그램에서 나인티플러스의 커피를 소개하는 자리였다. 이 프로그램을 통해 맛본 '유조Yuzo'와 '루비Ruby'는 나인티플러스만의 독창적이고 실험적인 가공을 거친 게이샤 커피다. 나인티플러스 고유의 등급 분류에 따르면, 이노베이션Innovation에 속하는 커피들이다. "이것은 커피가 아니다This is Not Coffee"라고 소개할 정도로, 지금까지는 맛볼 수 없었던 독특한 향미를 지니고 있다.

그 역사에서도 알 수 있듯, 나인티플러스의 커피는 스페셜티 커피 중에서도 손에 꼽힌다. 하지만 그 명성에 비해 접할 기회가 많지 않을뿐더러 편하게 사 마실 수 있는 가격도 아니다. 실험적인 시도들은 양날의 검과 같다. 하지만 나인티플러스의 시작이 그랬듯, 그 무모한 도전이 없었다면 지금 우리가 마시는 커피 또한 없었을 것이다. 유조와 루비에 대한 평가도, 빈브라더스가 운영하는 옥션 시리즈에 대한 평가도 분분할 것이다. 하지만 분명한 것은, 이 시도들로 인해 앞으로 우리가 더 멋진 커피를 만날 수 있으리라는 점이다.

5장

스페셜티 커피 주문하기

: 낡은 편견에 갇히지 않고 커피를 즐기는 방법

에스프레소가 무엇이냐 물으신다면

두툼하고 오목한 잔에 소량의 커피가 담겨 나온다. 1유로 남짓의 에스프레소 용량은 25ml. 설탕을 넣고 휘휘 저어 꿀꺽 삼키면 한 모금도 안 되는 양이다.

지금으로부터 130년 전 이탈리아에서 고온·고압으로 커피를 추출하는 기계가 처음으로 개발되었고, 순간의 힘으로 빠르게 추출되는 커피를 일컫는 '에스프레소'라는 메뉴가 탄생했다.

1940년대 후반 가찌아Gaggia에서 9~10바아까지 올릴 수 있는 머신을 개발했고, 1961년에는 최초의 전기 동력 머신인 페마Faema E61

모델이 등장해 지금까지 우리가 사용하고 있는 일반적인 에스프레소 머신의 형태가 완성되었다. 또한 이 시점 즈음하여 7g의 커피를 넣고 25ml 남짓의 커피를 20~30초 사이에 추출하는 에스프레소의 표준 레시피도 빠르게 자리 잡았다.

시간이 흘러, 이탈리아가 아닌 서울의 어느 카페에 들어선다. 4,000원을 내고 주문한 에스프레소는 이탈리아의 그것과는 조금 다른 잔에 담겨 나온다. 20g의 커피를 사용해 추출한 에스프레소는 40g. 정통 이탈리안 에스프레소에 비해 2배 가까이 되는 양이다. 스페셜티 커피 산업에 종사하는 커피인들은 경험을 넘어 객관적인 수치로 에스프레소의 표준을 정하고 싶었다. 그래서 추출된 커피에 녹아든 고형 성분의 양을 측정하는 등 데이터를 수집하기 시작했다. 그 결과, 대부분의 바리스타는 20g의 커피로 40g의 에스프레소를 추출하는 것이 이상적인 맛을 낼 수 있다는 확신을 가지게 됐다.

에스프레소의 표준 레시피에 변화가 생길 수 있었던 이유는 크게 세 가지를 꼽을 수 있다. 우선 에스프레소 머신과 그라인더의 변화다. 대표적으로 미국의 에스프레소 전문가 데이비드 쇼머David Schomer가 도입한 PID(비례-적분-미분) 제어기가 있다. 기존 에스프레소 머신은 연속적으로 커피를 추출할 경우 추출수의 온도에 큰 변화가 생기곤 했다. 쇼머는 그 차이가 최대 20도 가까이 나서 커피의 맛에 영향을 끼친다는 것을 알고 커피 머신에 PID 제어기를 도입했다. 또한 외부 환경에 따라 에스프레소 머신의 압력이 변한다는 것과 그라인더의 마찰열로 커피 추출이 영향을 받는다는 사실을 알고 이를 보완할 새로운 시스템을 도입했다. 이외에도 여러 가지 새로운 기술이 에스프레소 추출 과정에 적용되면서 레시피 또한 변화할 수밖에 없었다.

새로운 기술의 도입과 맞물려, 커피 생두의 품질이 눈에 띄게 좋아진 것도 영향을 끼쳤다. 고품질 커피의 향미를 살리기 위해 로스팅 스타일 또한 큰 변화를 맞이했다. 여러 종류의 커피를 섞어 강하게 볶는 이탈리안 블렌드가 아닌 개성 넘치는 싱글오리진 커피가 등장한 것이다. 더불어 소비자들도 성장했다. 이탈리아 외에는 1유로에 커피를 마실 수 있는 곳을 거의 찾아볼 수 없지만, 그보다 서너 배 비싼 가격을 지불하고도 커피를 마시려는 사람들이 늘어났다. 이전보다 더 많은 재료를 투입해 더 좋은 결과물을 낼 수 있는 환경이 마련된 것이다.

그렇다면, 이탈리안 에스프레소는 이제 역사의 뒤안길로 사라지는 것일까? 다행히도 당장에 그럴 일은 없을 것으로 보인다. 아직까지 이탈리아에서는 정통 레시피를 따르는 1유로 남짓의 에스프레소가 꾸준히 사랑받고 있다. 이탈리안 커피 문화에 영향을 받은 프랜차이즈 카페들도 아직 동일한 레시피를 유지한다. 최근 들어 우리나라에도 이탈리안 정통 레시피를 따르는 에스프레소 전문점이 등장하기 시작했다. 서울 신당동에 본점을 둔 리사르커피가 대표적인 카페로, 구형 머신과 그라인더를 잘 다듬어 최대한 그 맛을 구현할 수 있도록 사용하고 있다.

for a long life
DEUS
SEOUL
Maker's Mark

미국을 대표하는 커피 이론가이자 바리스타인 스콧 라오Scott Lao는 많은 바리스타들이 믿고 있는 20g의 커피를 투입하여 40g의 에스프레소를 추출하는 황금비율에 대해 "그것이 최선의 방법일 수 있지만, 하나의 절대적 공식만으로 에스프레소를 추출하는 것은 적절하지 않다"고 지적한다. 에스프레소를 기반으로 하는 커피와 위스키, 스낵을 판매하는 '무슈부부커피스탠드'(서울 합정동 위치)의 권오현 바리스타 또한 같은 생각을 가지고 있다. 권 바리스타는 "어떤 스타일로 에스프레소를 내리는지는 중요한 문제가 아니"라며 "결국에는 사람들이 맛있게 마시는 커피가 최선의 커피"라고 말한다. 수많은 발전을 이룬 에스프레소 추출의 역사는 결국 사람들의 입맛으로 귀결된다. 맛있는 커피를 알아보는 것은 카페를 찾는 손님들의 몫이고, 바리스타는 언제까지나 그것을 좇아갈 것이기 때문이다.

브루잉커피, 커피를 마시는 가장 오래된 방법

지난 몇 년간 우리나라의 커피 소비 문화는 양적으로나 질적으로나 빠르게 성장해왔다. 가장 큰 이유로 스페셜티 커피 브랜드들의 성장을 꼽을 수 있다. 그들이 만든 티셔츠나 모자, 가방, 배지 등을 구입한 사람들을 도처에서 만날 수 있을 만큼 커피 애호가가 늘어났다.

1인 가구의 증가와 주 52시간 근무제 도입 등의 사회적인 흐름도 커피 소비에 변화를 일으켰다. 개인의 일상을 둘러싼 환경이 변화하며 가치에 중점을 둔 소비가 증가한 것인데, 커피 또한 '피로 회복을 위한 각성제'의 역할을 넘어 '취향을 찾아가는 문화생활의 일부'가 됐다. 사회적 거리두기로 인한 모종의 변화도 커피 산업 발전에 상당한 역할을 했다. 재택근무 등으로 집에 있는 시간이 늘어나자, 집 꾸미기의 일환으로 홈카페를 만드는 소비자가 많아진 것이다. 온라인 소비에 익숙해진 사람들이 좋아하는 카페에서 원두를 주문해 집에서 직접 내려 마시는 일도 늘어났다. 실제로 몇몇 소규모 스페셜티 커피 업체의 경우, 최근 들어 원두와 드립백 판매량이 부쩍 늘었다고 말한다.

덕분에 브루잉커피 시장은 날이 갈수록 성장하고 있다. 값비싼 장비가 필요한 에스프레소 추출에 비해, 브루잉 장비는 10만 원 이하의 비용으로도 누구나 쉽게 구입할 수 있기 때문이다. 커피를 우려낸다는 의미를 가지고 있는 브루잉Brewing은 일반적으로 에스프레소 머신을 사용하지 않는 핸드드립 방식이나 사이펀, 에어로프레스, 콜드브루 등 중력의 힘이나 미량의 압력을 이용해 커피를 내리는 방법을 뜻한다. 추출할 때 물줄기의 섬세한 조절을 중요시했던 과거와는 달리, 최근에는 분량의 물을 붓고 기다리거나 막대로 휘젓는 등 다양한 시도가 이뤄지고 있다. 브루잉을 위한 다양한 기구가 있는데, 유튜브

CAUTION
TKAL-S30-W
MADE IN THAILAND
0030-5

각 브루잉 방법의 역사

브루잉 방법	설명
푸어오버 (pour-over)	1908년 멜리타 벤츠 사가 커피 찌꺼기를 걸러낼 수 있는 추출 기구를 고안한 것이 푸어오버 추출의 시초. 핸드드립을 포함하여 깔때기 모양의 드리퍼에 커피를 담고 중력의 힘으로 물을 투과시키는 커피 추출 방식. 과거에는 섬세하게 물줄기를 조절하여 커피 맛을 내는 핸드드립 방식이 주를 이뤘다면, 최근에는 레시피에 따라 분량의 물을 붓고 정해진 시간이 지나면 추출하는 푸어오버가 주를 이룬다. 푸어오버는 추출 시간, 물의 온도, 커피 원두의 분쇄도 등을 조설하는 것 외에도 느리퍼의 소재나 구조, 필터의 종류에 따라서도 다양한 맛을 만들어낼 수 있다는 장점이 있다.
사이펀 (siphon)	1842년 프랑스의 배쉬(Madame Vassieux)가 만든 진공 흡입 방식의 커피 추출 기구가 현대적인 사이펀과 가장 가깝다. 이후 일본의 고노 사가 '사이펀'이라는 상품명으로 만들어 유통하며 그 이름이 알려졌다. 본래 명칭은 버큠 커피메이커(Vacuum Coffee Maker) 또는 퍼콜레이터(Percolater)다. 알코올램프와 추출된 커피가 담기는 하부의 플라스크, 커피를 담는 상부의 로드로 구성되어 있으며 상하부의 기압차를 이용해 추출하는 방식이다. 최근에는 할로겐램프가 알코올램프를 대체하기 시작했다. 사이펀은 진공식 추출 방식으로 커피와 물의 교반이 짧은 시간에 이뤄져서 커피의 향미와 질감을 섬세하게 표현한다.
모카포트 (mocha pot)	에스프레소를 추출할 수 있는 주전자 모양의 기구. 1933년 루이기 디 폰티(Luigi di Ponti)가 디자인하고, 알폰소 비알레티(Alfonso Bialetti)가 상업 생산한 것을 모카포트의 탄생으로 본다. 주전자의 아랫부분(보일러)에 물을 넣고 필터를 장착한 후 원두를 넣고, 주전자의 윗부분(컨테이너)을 돌려 닫은 후 불 위에 올려 수증기로 커피를 추출하는 방식. 기계를 사용하지 않고 에스프레소를 만드는 방법 중 하나이며, 이탈리아 가정에서 가장 널리 사용되는 커피 추출 방식. 모카포트로는 대부분 에스프레소 머신보다 낮은 압력에서 추출되기 때문에 기계로 추출한 커피보다 연하고 부드러운 맛이 난다.
에어로프레스 (aero press)	2005년 미국의 스포츠 용품 회사 에어로비(Aerobie)가 만든 수동 가압 방식의 추출 기구로, 주사기 형태다. 초창기에는 에어로비에 소속되어 있다가 에어로프레스가 인기를 끌자 사업부만 별도의 회사로 분사했다. 에어로프레스 챔피언십이 매년 세계 각국을 돌며 열릴 정도로 인기 있는 커피 추출 기구다. 때문에 본사에서 제공하는 레시피 이외에도 기기를 뒤집어서 추출을 시작하는 인버티드(Inverted) 방식, 스테인레스 필터를 사용하는 방법 등 전 세계 바리스타들의 다양한 추출법을 온라인에서 쉽게 찾아볼 수 있다.

등 다양한 채널을 통해 쉽게 사용법을 익힐 수 있어 브루잉을 즐기는 인구는 점점 늘어나고 있다.

브루잉의 인기는 홈카페에서 머물지 않는다. 슬로커피를 모토로 인기를 얻었던 블루보틀이 국내에 도입된 전후로 브루잉 바를 강조한 카페가 늘어나기 시작했는데, 최근에는 아예 머신을 두지 않고 브루잉커피만을 다루는 공간이 부쩍 늘었다. 다양한 경험을 한 소비자들이 그 매력을 알게 되자, 소자본으로도 창업이 가능하며 개성 있는 커피를 내릴 수 있는 브루잉 바가 새로운 카페 창업 트렌드가 된 것이다. 하지만 브루잉 중심의 카페들이 풀어야 할 숙제는 많다. 빠른 속도로 많은 손님을 상대하는 에스프레소 중심의 기존 카페들과 달리 시간과 노동력이 더 많이 필요하기 때문이다. 또, 시장이 성장하는 것은 기회로 볼 수도 있지만 그만큼 경쟁에 뛰어드는 브루잉 전문점이 늘어나니 차별화를 위한 콘텐츠를 마련하는 것도 필요하다.

브루잉은 커피의 탄생과 그 역사를 같이한다. 어떻게 하면 누구나 간편하게 커피의 맛과 향을 즐길 수 있을지 고민한 역사가 곧 커피의 역사가 된 것이다. 바리스타가 내려주는 에스프레소 음료와 사무실의 믹스커피가 우리 입맛을 지배하면서, 브루잉이 불편하고 번거로운 추출 방식이라는 편견도 있다. 하지만 먼 길을 돌고 돌아 이제 브루잉은 어느 때보다도 더 가까이 우리 곁에 있다.

주전자를 들고 가느다란 물줄기를 흘려 내리는 핸드드립 방식도 건재하지만, 정해진 양의 뜨거운 물만 콸콸 부어도 맛있는 커피가 완성되는 푸어오버 방식도 생겼다. 스페셜티 커피 산업의 발전으로 커피의 품질 또한 상향평준화되어 도처에서 맛있는 원두를 구입할 수 있다. 그러니 이제는 더 많은 이들이 브루잉을 통해 커피가 가진 아름다움을 발견하기를 바라본다.

스페셜티 커피 시대,
드리퍼도 스페셜해야 할까?

멜리타 벤츠Melita Bentz가 1908년에 개발한 종이필터는 커피 추출에 혁신을 가져온다. 그때까지는 커피 추출에 필터를 쓰지 않거나, 천 필터를 사용했다. 때문에 가정에서는 커피 찌꺼기가 가득하거나 오일 성분이 추출된 진한 커피를 마실 수밖에 없었다. 원통 모양의 황동 그릇을 못으로 뚫은 후 블로팅 페이퍼(압지)를 올린 멜리타의 초기 드리퍼는 보다 깔끔한 맛의 커피를 만들어주었고, 이후 원통 모양의 구조적 문제를 개선해 1937년에 만든 포켓 모양의 드리퍼와 필터는 오랜 시간 커피 브루잉의 표준이 되었다.

원뿔 모양의 드립 기구는 포켓 모양의 드리퍼보다 조금 늦게 등장했다. 1941년 피터 J. 슐룸봄Peter J Schlumbohm이 실험기구를 고안하다 만든 케멕스, 1973년 일본의 사이펀 제조 회사 고노Kono에서 만든 고노 드리퍼, 2004년 유리 가공 회사이자 커피 용품 제조 업체인 하리오Hario의 V60이 대표적이다. 하리오 V60은 이름 그대로 60도의 각도를 이루는 드리퍼로, 두꺼운 필터가 드리퍼 외벽에 밀착되는 케멕스나 추출구 하단부에 얕은 리브rib*가 있는 고노와 다르게 추출구 안쪽까지 리브가 길고 깊게 파여 있다. 때문에 드리퍼와 필터가 밀착해 추출이 막히는 현상이 일어나지 않아 빠르게 쉽게 커피를 내릴 수 있다. V60은 꾸준히 대중적으로 인기를 얻고 있다.

드리퍼의 또 다른 형태는 평평한 바닥을 가진 플랫베드Flat Bed다. 멜리타의 초창기 원통형 드리퍼와 일부 중기 모델이 플랫베드 형태에 속하지만, 플랫베드 전용 필터가 개발되는 등 대중적으로 활용되기 시작한 것은 꽤 오랜 시간이 지나서다. 2010년에 칼리타에서 개발한 웨이브, CBSC 이영민 대표와 미국 레킹볼커피의 닉 조가 공동 개발한 디셈버 등이 플랫베드 드리퍼다. 플랫베드 드리퍼는 대개 주름진 필터를 활용하는데, 필터와 드리퍼의 접촉을 최소화해 추출 과정에서 추출수의 온도를 보전하는 데 용이하다는 장점이 있다.

초창기 드리퍼는 알루미늄이나 도기, 유리 등으로 만들곤 했다. 플라스틱 드리퍼는 비교적 늦은 시기인 1960년대 처음으로 만들어졌으나 유통과 보관의 용이함으로 인해 빠르게 대중화를 이룰 수 있었다. 드리퍼의 소재는 보온 문제와 직결되어 커피 추출에 큰 영향

* 드리퍼 안쪽의 튀어나와 있는 선들. 드리퍼에 물을 부었을 때 필터가 드리퍼에 달라붙지 않고 틈이 생겨 추출이 막힘없이 진행될 수 있다.

①, ② 에스프로 블룸. ③ 스테드패스트. ④ 펠로우 스테그X.

을 미친다. 일반적으로 도기와 유리는 예열에 오랜 시간이 걸릴뿐더러 열용량과 열전도성이 모두 커서 보온성이 좋지 못하다. 금속은 쉽게 예열되나 추출 후반부에는 열을 많이 빼앗긴다는 단점이 있다. 최근에는 위생과 안전성, 보온력을 모두 고려한 진공 단열 드리퍼가 출시되고 있지만, 보온성도 뛰어나고 가격도 저렴한 플라스틱의 대항마가 되지는 못했다.

커피 제3의 물결 이후 드리퍼의 발전은 결국 얼마나 커피를 균일하고 효과적으로 내릴 수 있는지를 실험한 과정이었다. 하리오 드리퍼가 많은 커피인에게 사랑받은 이유는 기존 드리퍼에 비해 물 빠짐이 좋고, 사용이 편하며, 투입 용량의 제한이 덜하고, 커피와 물이 만나는 구간이 길다는 장점 때문이었다. 하지만 추출 연구가 심화되면서 원뿔 모양의 드리퍼 구조가 커피 층을 통과하지 않는 물의 흐름(바이패스)을 만들어낼 수 있다는 단점이 지적되었다. 추출 과정에서 불규칙적으로 채널링이 일어나게 되는 것이다. 칼리타 웨이브 드리퍼를 비롯한 플랫베드는 균일한 추출을 원하는 바리스타들의 바람 때문에 유행한 것이다. 하지만 물을 부을 때 그 형태가 쉽게 무너지는 등 주름 필터가 가진 고유의 문제로 인해 완벽한 대안이 될 수는 없었다.

펠로우 스테그X, 에스프로 블룸, 노띵커피 스테드패스트 등은 스페셜티 커피 시대에 보다 나은 추출 결과물을 위해 개발된 제품이다. 스테그X와 스테드패스트는 각각 진공 단열과 가죽 단열재를 활용해 보온성을 높였고, 에스프로 블룸은 레시피를 개선해 주름 필터의 단점을 해소하고자 노력했다. 세 가지 제품 모두 레시피를 잘 따라 사용하면 균일한 추출에 가까워질 수 있다. 디자인에도 섬세하게 신경을 써서 추출하는 과정에서도 기쁨을 느낄 수 있다. 물론 각 기구에 단점이 없는 것은 아니다. 스테그X의 경우 필터 막힘 현상과 수평을 잡기 힘든 문제가 있어, 애호가들 사이에서는 이를 개선할 방법이 공유되기도 한다. 에스프로 블룸과 스테드패스트 또한 사용자들의 경험을 바탕으로 레시피의 단점을 보완해가야 할 것이다.

결국 완벽한 추출을 위해서는 과학에 기반한 기계 장치로 변수를 줄여야 한다. 이론적으로는 통제된 환경에서 잘 세팅된 오토브루어를 사용하는 것이 일관성 있는 추출에 가장 적합하다. 하지만 여전히 브루잉은 인간의 손을 떠나지 않았다. 주전자에 끓인 물을 담아 드리퍼 위로 물을 흘려보내는 바리스타의 모습은 기계의 힘을 빌려 추출하는 커피와는 다른 우아함이 있다. 어쩌면 그것이 브루잉이 사람들의 눈과 입을 사로잡는 마법 같은 힘일지도 모른다.

싱글오리진은 오리가 혼자 입는 청바지입니까
: 싱글오리진과 블렌드

"싱글오리진이라, 혼자 있는 오리가 입는 청바지인가?"

'김갑생 할머니 김'과 전략적 제휴를 맺은 RTD 커피 공장에서 이

호창 본부장(개그맨 이창호)이 던진 개그에 얼마간의 침묵이 흐른다. 유튜브의 개그 채널 빵송국이 한 유가공 업체와 기획한 이 광고는 100만이 넘는 조회 수를 기록했는데, 싱글오리진에 대해 무심코 던진 저 개그는 많은 이에게 궁금증을 불러일으켰다. 과거, 커피 업체들은 저가 품종인 로부스타가 아닌 100% 아라비카 품종을 사용한다고 마케팅을 펼쳤다. 그런데 이제는 아라비카 품종 사용은 물론 100% 싱글오리진을 사용한다고 광고한다. 도대체 싱글오리진은 무엇일까? 싱글오리진 커피라면 무조건 믿고 마실 만한 것일까?

싱글오리진Single Origin은 말 그대로 단일 국가의 단일 농장에서 재배된 단일 품종 커피를 의미한다. 과거에는 단순히 단일 국가의 커피를 가리키는 의미로 사용되었는데, 소위 커피 제3의 물결이라 불리는 스페셜티 커피 시대에 이르러서는 명확한 이력으로 커피의 품질을 강조하고자 그 의미를 더 엄밀하게 규정한다. 산업이 발전하고 산지에 자본이 유입되면서 커피 또한 와인과 같이 재배환경, 품종, 가공 방식 등의 구체적인 정보를 확인할 수 있기 때문이다. 반면 블렌드Blend는 두 종 이상의 싱글오리진 커피를 섞어낸 것을 가리킨다. 싱글오리진 커피가 가진 각 장점을 구조화해서, 향수를 만들 때 조향하듯 적당한 비율로 여러 종류의 원두를 섞는 것이다.

싱글오리진은 2007년 월드바리스타챔피언십에 출전한 영국 대표 바리스타 제임스 호프먼이 사용하면서 주목받기 시작했다. 그 전까지 대회에 출전한 바리스타들은 관례대로 블렌드 커피를 사용해 시연했는데, 제임스 호프만은 싱글오리진 커피로 에스프레소를 추출해 개성 넘치는 맛을 선보였다. 이후 산지를 찾은 그린빈 바이어들은 고품질의 싱글오리진 커피를 선점하기 위해 경쟁을 벌이기 시작했다. 일부 바이어는 커피 농민들과 지속적인 관계를 구축하며 더 뛰어난 커피를 만들기 위해 노력하기도 했다. 이렇게 생산된 싱글오리진 커피는 과거 거래된 커피의 가격을 훨씬 뛰어넘어 판매되기 시작했고, 커피 애호가들도 블렌드 커피보다 싱글오리진 커피를 더 높게 평가하며 찾아 마시게 됐다.

하지만 블렌드는 여전히 커피 산업에서 빼놓을 수 없는 중요한 요소다. 가령 이탈리아의 에스프레소 전문점들은 싱글오리진의 물결 속에서도 전통적으로 이어온 블렌드만을 사용한다. 각 매장의 블렌드는 상징과도 같아서, 그 변함없는 맛을 기대하는 고객들이 꾸준하게 찾아오기 때문이다. 마스터가 로스팅부터 추출까지 모든 것을 관장하는 일본의 깃사텐에서도 블렌드가 매장의 대표 메뉴로 소개된다. 수확 시기와 가치사슬의 각종 요소에 영향을 받는 싱글오리진과 달리, 블렌드는 꾸준히 그 맛과 향을 유지할 수 있다는 장점이 있다. 스타벅스나 파스쿠찌 등 프랜차이즈 커피 전문점도 베란다VERANDA나 골든색Golden Sack 등 브랜드를 대표하는 블렌드를 가지고 있다. 맛의 구조를 유지한다는 전제하에 그 재료를 조금씩 바꿔가며 상황에 대처할 수 있기 때문이다.

스페셜티 커피를 선도하는 업체들도 자신을 대표하는 블렌드를 만들어 사용한다. 블루보틀의 자이언트 스텝Giant Steps, 허트커피로스터스의 스트레오Stereo, 인텔리젠시아의 블랙캣Black Cat, 스텀타운의 헤어벤더Hair Bender, 프릳츠커피컴퍼니의 서울시네마 등이 대표적인 사례다. 각각의 블렌드는 그 이름이 브랜드명과 연관검색어로 뜰 정도로 상징적인 상품이다. 몇몇 업체는 블렌드에 사용되는 커피의 정보와 비율을 공개해 스페셜티 커피 업체로서의 정체성을 강화하기도 한다.

국내 유명 스페셜티 커피 업체들과 컬래버레이션을 펼치며 다양한 블렌드 원두로 만든 에스프레소를 선보이는 커피템플의 김사홍 바리스타는 “잘 만든 스페셜티 커피 블렌드는 그 어떤 싱글오리진도 보여주지 못하는 복합성과 아름다움을 보여준다”며 블렌드의 중요성을 강조한다. 결국 싱글오리진과 블렌드의 구분은 무의미하다. 관심을 가지고 마신다면, 두 커피 모두 잊지 못할 순간을 선물해줄 만큼 아름다운 맛과 향을 지녔기 때문이다.

롱블랙은 대체 무엇인가요

커피를 발견한 사람이 에티오피아 목동 칼디Kaldi였는지, 예멘의 수도승 셰이크 오마르Sheikh Omar였는지, 아니면 또 다른 누군가였는지

SPECIALTY Coffee MELBOURNE

ST. ALi
FAMILY
MELb.
espresso bar

우리는 알 수 없다. 카푸치노의 어원이 동유럽에 파견됐던 카푸친회 수도사 마르코 다비아노Marco d'Aviano인지, 또 다른 연유로 그런 이름이 붙었는지 아무도 확신할 수 없다. 매번 원두 60알을 골라 커피를 내렸다는 베토벤과 30개의 각설탕을 넣어 마셨다는 철학자 키르케고르, 하루 50잔의 커피를 마셨다던 계몽주의 사상가 볼테르의 이야기가 얼마나 과장된 것인지 우리는 알지 못한다.

커피는 시작부터 항상 구전을 따랐다고 말한 이가 누구던가. 누군가의 입을 통해 전해진 신비한 커피 이야기들은 스페셜티 커피 시대에도 끊임없이 논쟁을 일으키고 있다. 이것은 카페라테, 카푸치노와의 경계가 불분명해 논쟁을 일으키는 플랫화이트와 함께, 그 유래와 제조 방법을 두고 화제가 된 음료다. 그리고 비교적 태생이 분명한 이탈리아 출신의 커피 메뉴들과 달리, 그 기원부터 의견이 분분하기도 하다.

어떤 이들은 이 음료의 기원이 이탈리아라고 말한다. 미국인들에게 아메리카노를 대접해야 하는데, 마땅한 잔이 없어 카푸치노 잔에 우유 대신 물을 넣어 제공한 것이 시작이라고 보는 것이다. 메뉴를 블랙과 화이트로 나누어 판매하는 것에서 유추해, 영국에서 그 유래를 찾는 사람도 있다. 영국인들은 차를 마실 때 아무것도 섞지 않은 것을 블랙, 우유를 넣은 것을 화이트라 부른다. 영국 이민자들이 차를 대하던 관습이 호주인들에게 영향을 주었고, 블랙이라는 단어가 에스프레소를 대체하는 단어가 됐다는 주장이다. 가장 흔히 찾아볼 수 있는 이야기는 호주와 뉴질랜드 고유의 커피 문화를 상징하는 메뉴라는 의견이다. 이 또한 두 가지 갈래로 나뉜다. 이것의 고고한 역사가 오래전부터 호주인들의 영혼과도 같았다고 말하는 사람도 있고, 스타벅스를 몰아낸 프랜차이즈 커피숍 글로리아진스Gloria Jean's가 호주 커피의 정체성을 강화하는 마케팅 차원에서 쓰면서부터 대중화된 메뉴라는 주장도 있다.

기원부터 논쟁을 일으키는 이 메뉴의 재료는 물과 에스프레소가 전부다. 누군가는 이 음료가 아메리카노와 확연히 구분된다고 주장하면서, 에스프레소와 물을 섞는 순서를 언급한다. 아메리카노의 경우 에스프레소를 잔에 받고 물을 추가하는 반면, 물을 받아둔 채 그 위에 샷을 붓는다는 점에서 차이가 있다는 것이다. 하지만 이 주장에 동의하지 않는 사람이 꽤 많다. 샷과 물을 붓는 순서는 각 카페의 워크플로에 따라 결정되는 것이지, 정해둔 레시피를 따라야 할 이유가 없기 때문이다. 물 위에 샷을 붓는 것이 에스프레소의 맛과 향을 즐기기에 더 좋다고 말하는 사람도 있지만, 결국 물이 섞여 들어가면 에스프레소는 빠르게 그 본연의 맛을 잃는다.

결국 아메리카노와의 차이점은 농도가 전부다. 12온스(약 340ml)의 뜨거운 물에 에스프레소 2샷을 넣는 것이 아메리카노라면, 호주인들이 마시는 블랙커피는 6온스의 물에 2샷의 에스프레소를 넣는다는 것이 명확한 구분점이다. 하지만 이 또한 누구도 확답할 수 없다. 마치 된장국과 된장찌개의 구분이 물과 된장의 정확한 비율로 구분되지 않는 것처럼.

1770년 영국인 탐험가 제임스 쿡이 동남부 해안을 탐험한 이래 호주에 본격적인 유럽인의 이주가 시작됐다. 커피가 호주에 처음으로 모습을 드러냈던 것도 바로 이 시기로, 영국에서 출발한 제1선단이 가져온 다양한 식문화 속에 포함된 것이었다. 이후 금주법이 시작된 1830년대부터 골드러시가 시작된 1900년대 초반까지 호주의 커피 산업은 꾸준히 성장했다. 하지만 독자적인 커피 문화를 정립하게 된 것은 이탈리아 이민자들이 몰려들기 시작한 1950년대 이후의 일이다. 멜버른 곳곳에 본격적으로 에스프레소 머신이 도입되기 시작했고, 이탈리아의 융숭한 커피 문화를 바탕으로 호주의 커피 산업도 고유의 캐릭터를 만들어가게 된다. 역사가 이렇게 흘러왔으니 누군가 호주의 커피에 대해 물어본다면, 영국과 이탈리아와 호주의 이야기가 한데 섞여 나올 수밖에 없다.

누가, 언제, 어떻게 만들었는지 확답할 수 있는 사람이 없으니 그것을 만드는 방법 또한 각자의 드라마 속에 있다. 그러니 이 음료에 관한 모든 이야기는 전부 맞기도 하며 틀리기도 하다. 다만 분명한 것은 누군가의 취향을 존중하기 위해 이 메뉴가 존재한다는 것이다. 커피를 비롯한 대부분의 식음료에 대한 레시피(규정)는 언제든 취향에 따라 바뀔 수 있다. 누군가는 에스프레소가 쓰다고 느끼고, 누군가는 아메리카노가 너무 연하다고 생각하는 것처럼. 그리하여 이 논쟁의 음료 '롱블랙'은 취향을 드러내는 하나의 언어가 된다. 이탈리아인들이 미국 사람들을 만났던 순간에, 멜버른에 이탈리아인과 함께 에스프레소 머신이 처음 들어왔던 순간에, 스페셜티 커피 문화가 융성하기 시작해 호주의 커피 문화를 뒤흔들고 있을 때, 롱블랙은 누군가의 입맛을 만족시켰을 것이다. 그리고 그 사람의 입을 통해 롱블랙의 이야기가 전파되기 시작했으리라. 그러고 보니 이 생각도 틀릴 수 있다. 롱블랙에 관련된 이야기가 대부분 그렇듯 말이다.

아이스커피를 마셔야 할 이유에 관하여

카페가 지금처럼 많지 않았던 시절에, 그곳을 찾던 사람들은 커피깨나 마시던 사람들이었다. 그들은 좀처럼 설탕을 타지 않았고, 무더운 여름에도 땀 뻘뻘 흘리며 따뜻한 커피를 마셨다. 좋은 커피일수록 따뜻하게 마셔야 그 맛과 향을 제대로 느낄 수 있다고 믿었기 때문이다.

고지식하게 따뜻한 커피만을 들이켜던 애호가들의 고집에는 나름의 근거가 있다. 인간의 미뢰에는 온도에 따라 다른 맛을 느끼는 이온채널이 있는데, 온도가 높을수록 이 이온 채널의 활성도가 증가해 더 많은 맛을 느낀다. 가령, 따뜻하게 먹는 곰탕의 평균염도는 0.5~0.7%인 데 반해 시원한 평양냉면의 염도는 평균 1%를 넘어간다.

육수가 차가울수록 염도를 느끼기 어렵듯, 커피 또한 따뜻할수록 더 다양한 맛을 느낄 수 있다. 때문에 커피 온도를 주제로 한 유수의 논문에서는 적정 온도를 70도 내외로 규정하고 있다. 과학적인 근거를 떠나서라도, 당장 유럽 여행을 다녀온 사람들한테서 아이스커피가 메뉴에 없었다는 증언을 듣고 나면 왠지 모르게 사우나의 열기가 느껴지는 한여름에도 따뜻한 커피를 마셔야만 할 것 같다.

얼음이 들어간 음료에 대한 부정적인 시선은 과학을 넘어 사회적인 현상으로 드러난다. 인간이 얼음을 활용한 역사는 꽤 오래되었지만, 자연의 순리를 거슬러 상시에 얼음을 얼려 먹을 수 있게 된 지는 불과 100여 년밖에 되지 않았다. 현대적 의미의 압축식 전기냉장고는 1862년 등장했다. 하지만 가정에서 냉장고로 얼음을 얼려 먹기 위해서는 이중 온도 냉장고가 등장한 1930년대까지 기다려야 했다. 그것도 미국에만 한정된 일이었는데, 1959년을 기준으로 미국 가정의 냉장고 보급률은 96%였던 반면 영국은 13%에 불과했다. 우리나라에서는 1965년 금성사가 눈표냉장고를 출시하며 얼음의 시대를 열었다. 하지만 1980년대까지 냉장고 보급률은 37.8% 정도로, 여전히 얼음은 진귀한 존재였다.

산업적 배경을 떠나서도 얼음을 넣은 음료는 오랫동안 인기를 끌지 못했다. 특히, 러시아 사람들은 얼음에 대해 강한 불신을 가지고 있는 것으로 유명하다. 어떤 이유에선지 얼음이 위생적이지 않다는 편견을 가진 사람들이 많고, 그 믿음은 소련의 붕괴 이전 냉전 시대에 탄생한 사람일수록 견고하다. 1년 내내 얼음에 둘러싸인 민족이라 그렇다고 말하는 사람도 있지만, 얼음에 대해 부정적인 생각을 가진 것은 유럽인도 마찬가지다. 아이스 음료는 소비자를 기만하는 행위라 생각하는 것인데, 얼음의 부피로 제공되는 음료의 양이 줄뿐더러 얼음이 녹으면서 맛도 없어지기 때문이다. 비슷하게, 우리나라에는 이열치열의 문화가 있다. 찬 음식은 몸을 허하게 만든다는 조상들의 지혜는 얼음에 대한 부정적인 견해의 한 축을 지탱해왔다. 이열치열 문화는 우리가 '형제의 국가'로 부르는 터키에도 있다.

아무리 뜨거운 여름에도 따뜻한 커피를 마셔야 한다는 믿음은 이렇게 동서양을 넘나든다. 얼음이 귀하고 구하기 힘들었던 상황이 먼저인지, 그것에 대한 일방적인 비난과 비과학적인 믿음이 먼저인지는 알 수 없다. 분명한 것은 얼음을 기피하는 행위가 문화적 흐름이 되어 지금도 많은 이들에게 영향을 주고 있다는 점이다.

하지만 얼음이 귀하던 시절의 전통과 산업적 맥락은 점점 희미해지고 있다. 백신도 냉동 상태를 유지해 국경을 넘나들 정도로 기술이 발달했기 때문이다. 유럽에서도 스타벅스를 가면 쉽게 아이스커피를 주문해 마실 수 있고, 얼음이라면 질색했던 러시아인도 젊은 세대를 중심으로 그 편견이 사라지고 있다. 줄을 지어 얼음과 탄산음료를 리필해 마시는 모습은, 이제 더 이상 미국의 전유물이 아닌 전 세계의 문화가 되었다. 얼음을 두고 건강과 위생을 따지는 사람은 온데간데없고 어디에서나 더울 땐 차가운 얼음 동동 띄운 음료를 내주는 게

당연한 일이 되었다.

시간이 흘러 누구나 커피 없이는 하루의 일과를 보낼 수 없는 커피의 시대가 되었다. 여전히 따뜻한 커피를 고집하는 애호가들도 있지만, '얼죽아'(얼어 죽어도 아이스커피)가 대세를 이룰 정도로 아이스커피의 위상이 높아졌다. 소위 제3의 물결이라 불리는 스페셜티 커피 시대에 이르러 높아진 커피의 품질 또한 아이스커피가 사람들의 입맛을 사로잡는 데 큰 역할을 했다. 오히려 동동 띄운 얼음 덕분에 어떤 맛과 향은 더욱 강하게 느껴지는데, 과일의 상큼함부터 초콜릿의 달콤함까지 아이스커피에서도 백만 가지 기쁨을 느낄 수 있다.

무엇보다, 우리는 커피를 마실 때 미뢰만을 사용하지 않는다. 유리잔에 맺힌 차가운 물방울이 주는 시각적 만족감은 물론, 어른들이 마시던 아이스 믹스커피에서 빼 먹었던 얼음의 단맛의 추억까지도 함께 느낄 수밖에 없다. 그러니 이제 아이스커피를 마시지 않을 이유가 더 이상 없다.

스페셜티 커피는
다크 로스팅하면 안 되나요?

아버지는 냉면을 가위로 자르는 것을 한사코 거절하셨다. 그것이 냉면 고유의 맛을 해친다고 믿었던 것인데, 평양냉면이나 함흥냉면이

배전도에 따른 커피 색깔

아닌 고깃집 후식 냉면에 대해서도 동일한 철학을 고수했다. 시간이 흘러 평양냉면을 파는 가게가 힙스터를 자칭하는 사람들의 성지가 되었을 때에도 비슷한 일이 벌어졌다. 그들은 각자가 가지고 있는 평양냉면의 이데아를 좇아 냉면을 먹기에 앞서 지켜야 하는 규칙에 관해 설파했다.

하지만 한 아이돌 가수가 평양에서 공연을 한 후 옥류관에서 먹은 평양냉면 인증 샷을 남기자 이 규칙들은 무의미한 것이 되었다. 우리가 알고 있는 모든 평양냉면은 그 이데아의 모조품일 뿐이라는 사실이 밝혀졌기 때문이다. (평양)냉면이란 시대와 환경, 취향에 따라 각기 다른 얼굴을 할 뿐이지, 어떤 규칙에 얽매일 필요가 없다는 사실을 모두가 깨달은 것이다.

다크초콜릿에 가까운 색이 날 때까지, 표면에 기름이 살짝 올라올 정도로 커피 생두를 볶은 것을 강배전强焙煎 혹은 다크 로스트Dark

Roast라고 한다. 연두색을 띠는 생두는 열을 받는 시간이 늘어날수록 점점 그 색이 짙어지는데, 다크 로스트 상태에 이른 원두는 진해진 색깔만큼이나 다양한 맛을 낸다. 우리가 '커피 맛'이라 생각하는 달콤하면서 쌉싸름한 맛은 강하게 볶은 커피에서 느낄 수 있는 맛 중 하나다.

커피 본연의 맛과 향을 강조하는 스페셜티 커피 시대(커피 제3의 물결)가 도래하면서 일부 전문가는 이러한 로스팅 스타일에 거부감을 드러냈다. 강한 로스팅이 커피 품종에 따른 특성과 향미를 파괴한다고 생각했기 때문이다. 세계적인 로스터이자 컨설턴트인 스콧 라오는 "탄화(다크 로스트)된 커피의 인기가 사그라지는 것은 피츠커피, 스타벅스 그리고 많은 업체의 노고 덕분이다"라고 비꼬며 다크 로스트를 평가절하하기도 했다.

커피 제3의 물결이 일기 전에는 원산지 정보를 정확하게 파악할 수 없는 생두가 거래되었고, 품질도 들쑥날쑥한 경우가 많았다. 다크 로스트는 이런 커피의 맛을 평준화하는 가장 쉬운 방법이었다. 결점이 있는 생두라 해도, 일정 정도 이상으로 강하게 볶으면 쓴맛과 약간의 탄 향이 원래의 맛을 집어삼키기 때문이다. 하지만 커피 산지와 농장에 자본이 유입되고 고품질의 커피를 구입하는 일이 용이해지면서, 각 커피가 가진 고유의 성질을 잘 살릴 수 있는 노르딕 스타일의 로스팅 방식이 유행하기 시작한다. '노르딕 로스팅'은 원두가 옅은 황색이 날 만큼만 약하게 볶는 것으로, 상대적으로 산미가 살아나고

향이 풍성해져 생두의 특성을 잘 표현할 수 있다.

하지만 스페셜티 커피 로스터라고 해서 모두가 다크 로스트를 무시하지는 않는다. 가령, 오래전부터 고품질의 커피도 강하게 볶아낸 일본의 로스터들은 노르딕 스타일의 유행 속에서도 본연의 스타일을 고수하고 있다. 《스페셜티커피대전》의 저자이자 도쿄에서 카페바하를 운영하는 다구치 마모루는 스페셜티커피협회SCA에서 정한 '커피 색도계 애그트론(숫자가 낮을수록 짙은 색상을 의미) 기준' #65~55로 설정된 프로토콜에 문제를 제기하며, 어떤 스페셜티 커피는 그보다 훨씬 더 강한 #50 이하로 볶아야 그 본연의 맛을 즐길 수 있다고 주장했다. 노르딕 스타일을 주창한 노르웨이의 바리스타 팀 웬델보 또한 최근 인터뷰에서 "로스팅에서 강-중-약을 구분하는 것은 의미가 없으며, 커피의 맛이 얼마나 잘 발현Developed되었는지가 더 중요하다"고 말했다. "잘 구현된 커피는 약하게 볶은 것일 수도 있으며 조금 더 강하게 볶은 것일 수도 있다"며 다크 로스트에 대한 평가를 열어둔 것이다.

결국 전문가들이 공통적으로 말하려는 것은 볶고자 하는 생두에 관한 이해다. 커피에 대한 과학적이고 분석적인 접근을 주장하는 스콧 라오는 "로스팅 화학에서 알 수 있는 지식이 100이라면, 지금까지 알아낸 것은 1에도 미치지 못하며, 그마저도 실용화하기 어렵거나 불가능하다"고 말한다. 커피 로스팅은 과학적인 지식과 함께 로스터의 경험이 조화를 이뤄야 최선의 결과물을 얻을 수 있다는 주장이다. 이렇게 만들어낸 결과물은 단순히 다크 로스트나 노르딕 스타일로 구분 지을 수 없다. 또, 최종 결과물에 대한 판단은 소비자의 몫이기에 그 취향을 고려할 수밖에 없다.

마치 냉면의 이데아와 같은 것을 커피에서도 만들고 그것을 설파하는 힙스터와 같은 부류도 있었지만, 오랫동안 커피 업계에 종사한 사람들일수록 취향의 무게 앞에 고개를 숙인다. 호주의 한 로스터는 "결국 90% 이상의 사람들은 다크 로스트 커피를 선호하며, 앞으로도 이 비중은 크게 변하지 않을 것"이라고 회의적인 입장을 드러내기도 한다.

맛있는 커피 앞에 규칙은 없다. 다만 취향과 문화가 존재할 뿐이다. 그러니 더 다양한 취향을 존중하는 커피가 많아지기를 바라본다. 다크 로스트로 볶은 스페셜티 커피를 즐기는 사람도, 산미에 거부감을 느끼지 않고 그 신선한 향미를 즐기는 사람도 많아지면, 그것을 존중하는 카페들도 더 많은 자리를 만들 테니까.

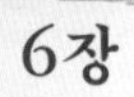

6장

스페셜티 커피 확장하기

: 이것도 스페셜티 커피입니까?

캡슐커피, 그 40년의 역사

1976년 네슬레는 '오리지널 네스프레소 캡슐'과 머신을 개발한다. 에스프레소 머신 없이도 에스프레소를 추출하고자 포터필터의 바스켓을 대신해 캡슐에 일정량의 분쇄 원두를 담은 것인데, 이후 개발된 대부분의 캡슐커피는 이 형태를 따르고 있다. '오리지널 네스프레소 캡슐'은 에스프레소 추출 과정의 그라인딩-도징-탬핑의 과정을 단순화했고, 분쇄 원두를 밀봉하여 상미 기간을 최대로 늘렸다. 생산자는 대량생산이 용이하며 유통 과정에서 상품의 변질이 최소화된다는 점에서, 소비자는 간편한 조작으로 고온·고압으로 추출한 커피를 맛볼 수 있다는 점에서 매력을 느꼈고, 출시 이후 40년 넘게 큰 인기를 끌고 있다.

네스프레소 머신은 5g의 분쇄 원두를 담은 캡슐 용기에 압력을 가해 40ml의 에스프레소를 추출한다. 일반적인 에스프레소보다 적은 양의 커피로 더 많은 양의 에스프레소를 추출하는 구조여서, 네슬레는 다양한 특허기술을 개발해 그 단점을 보완해왔다. 캡슐커피가 처음 등장하고 25년이 지났을 즈음, 네슬레가 그간 보유해온 특허가 하나둘씩 풀리기 시작했다. 때마침 커피 본연의 맛과 향을 중시하는 '커피 제3의 물결'이 일었고, 스페셜티 커피 업체들도 캡슐커피 시장에 발 벗고 나서기 시작했다. 바야흐로 캡슐커피의 시대가 시작되어 양적, 질적 성장이 일어난 것이다.

돌체구스토는 네스프레소의 한계를 넘어서기 위해 네슬레가 만든 또 다른 캡슐 브랜드다. 돌체구스토의 캡슐에는 네스프레소 캡슐의 두 배가 넘는 10g의 분쇄 원두가 담긴다. 캡슐의 용량이 늘어나니 다양한 시도도 가능해졌는데, 네슬레는 녹차라테와 핫초코 등 커피가 아닌 다양한 캡슐을 돌체구스토 브랜드로 내놓았다. 그럼에도 네슬레는 40년의 역사가 담긴 네스프레소를 버리지 않았다. 오히려 다양한 음료를 만들어내는 돌체구스토와 차별화하여, 네스프레소를 커피만을 뽑아내는 '커피 전용 캡슐 머신'으로 홍보하기 시작한다. 백화점 등의 네슬레 매장에서 네스프레소는 에스프레소를 마실 수 있는 고급 머신으로, 돌체구스토는 가격 대비 성능이 좋은 보급형 머신으로 판매되는 이유다.

우리나라에는 많이 알려져 있지 않지만, 큐리그 그린마운틴 사의 큐리그 캡슐 머신은 미국에서 가장 높은 점유율을 차지하는 캡슐커피 브랜드다. 국내에서는 커피빈, 할리스, 투썸플레이스, 라바짜 등 유명 프랜차이즈 카페에서 찾아볼 수 있다. 큐리그 캡슐 시스템은 네스프레소에 비해 역사도 짧고 점유율도 낮은 편이지만, 미국에서의 성과에 비춰볼 때 세계 시장에서도 성공할 가능성이 높다는 평가를 받는다. 이 밖에도 일리커피의 '아이퍼 에스프레소IPER Espresso', 스타벅스의 '베리스모Verismo', 동서식품이 유통하는 '타시모Tassimo' 같은 머신도 캡슐커피 시장에서 각축전을 벌이고 있다.

한편, 보급률이 높은 네스프레소 캡슐 머신에 대한 특허권이 풀리자 많은 업체에서 호환 캡슐을 개발하기 시작했다. 국내 기술로 캡슐을 제작하는 중소 업체들도 등장했는데, (주)케이코닉과 (주)엠아이커피 등이 대표적이다. 이 회사들은 프릳츠커피컴퍼니, 헬카페로스터스, 피어커피, 커피앳웍스(SPC 그룹) 등 국내 유명 업체의 스페셜티 커피를 네스프레소 호환 캡슐로 제작하고 있다.

하지만 특허권이 풀렸다고 해서 네스프레소 캡슐의 모든 비밀이 밝혀진 것은 아니다. 때문에 호환 캡슐들은 제조 업체의 기술력에 따라 각기 다른 개성을 가지고 있다. 크게, 소재는 알루미늄과 플라스틱으로 나눌 수 있으며, 캡슐 내 필터의 유무, 크기 및 두께, 인스턴트커피의 사용 여부 등 업체별로 기술력의 차이가 상당하다.

There is no
planet B.
Love,
Papa.
Comet

ESPRESSO
BLEND
fave
Capsule
CAFE
LIEGEOIS

네슬레는 드롱기De'Longhi, 유라Jura, 크룹스KRUPS, 브레빌Breville과 같은 유명 커피 머신 회사에 의뢰해 캡슐커피 머신을 제작하고 있다. 이 중에서도 가장 많은 머신을 생산하는 회사는 스위스를 기반으로 한 유그스터/프리스마그Eugster/Frismag다. 하지만 캡슐 머신에 대한 특허도 25년의 보호 기간이 만료되어, 호환 머신들도 시장에 진입할 수 있게 됐다. 대표적으로 '샤오미 커피 머신'이라 불리는 기계를 들 수 있다. 이 캡슐 머신은 중국의 트리플A 일렉트릭 어플라이언스AAA Electric Appliance 사에서 개발한 것으로, 저렴한 가격과 준수한 성능으로 우리나라에서도 많은 판매고를 올리고 있다.

특허권이 풀려 경쟁자들이 난입하고 있는 상황에서 네슬레는 차별화 전략을 세우고 있다. 기존 네스프레소 라인업의 품질을 높임과 동시에 더 고품질의 커피를 추출할 수 있는 버추오Virtuo 라인을 만든 것 등이다. 일각에서는 블루보틀을 인수하고 스타벅스의 커피와 차 제품의 유통권을 얻었기 때문에 기존 네슬레 제품의 한계를 넘어서는 다양한 제품 개발이 가능하리라 기대하고 있다.

물론 캡슐커피 시장의 전망이 밝기만 한 것은 아니다. 캡슐커피보다 더 쉽고 간편하게 커피를 내릴 수 있는 방법이 꾸준히 생기고 있기 때문이다. 재활용이 불가능한 플라스틱 캡슐은 환경문제에서도 자유로울 수 없다. 네슬레에서는 자체적으로 캡슐을 회수하는 캠페인을 벌이고 있지만, 그 소비량에 비하면 참여율은 턱없이 부족한 상황이다. 스페셜티 인스턴트커피 제조 회사 보일라Voilá에서는 자연분

캡슐커피 구조

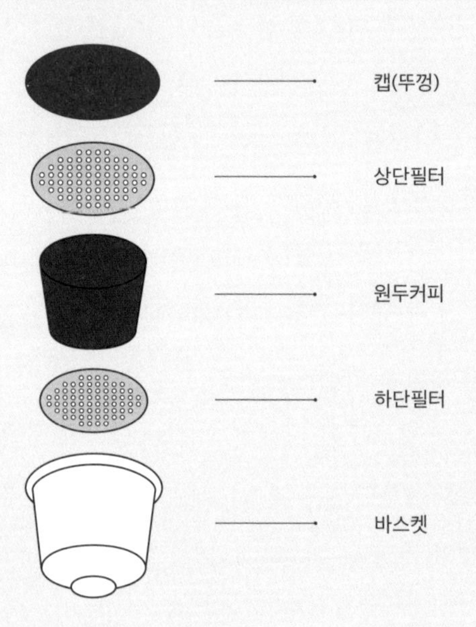

캡슐커피의 구조는 캡(상단), 필터(상·하단), 바스켓으로 나뉘는데, 바스켓의 하단부로 물이 투입되어 상단부로 추출된 커피가 나오는 원리다. 바스켓은 커피를 담는 용도이며 캡은 커피를 밀봉하는 역할을 한다. 캡슐마다 필터의 유무 혹은 위치도 다르다. 상단부의 필터는 음료에 미분이 섞이지 않게 하며, 하단부의 필터는 머신 내부에 미분이 침투하는 것을 방지하거나 커피 추출 시 샤워스크린의 역할을 한다.

네스프레소 캡슐은 하단부에 캡이 없는 구조이지만, 일부 제조사의 캡슐은 바스켓 하단부에 구멍을 내 캡을 씌웠는데, 하단부 바스켓의 구멍이 필터의 역할을 대신한다.

해가 가능한 소재의 캡슐을 개발하기도 했다. 하지만 이 또한 높은 제작 단가나 대량생산의 문제를 고려해야 한다. 이런 상황에서 40년의 유구한 역사를 가진 캡슐커피는 과연 커피 시장에서 끝까지 살아남을 수 있을까? 변화를 거듭하며 소비자들의 입맛을 사로잡은 캡슐커피 시장의 미래가 궁금해진다.

당신의 할머니가 마시던 그 커피와 다른 커피 : 스페셜티 인스턴트커피

인스턴트커피는 1906년 과테말라 주재 벨기에계 미국인 조지 콘스탄트 루이 워싱턴George Constant Louis Washington이 처음 만들었다. 이 커피는 편리하지만 형편없는 맛으로 인기를 끌지 못했지만, 제1차 세계대전이 발발하자 참전 군인들에게 사랑받으며 전 세계로 퍼져나갔다. 이후, 네슬레에서 기존의 인스턴트커피보다 향미가 뛰어난 커피를 개발하면서 본격적인 인스턴트커피의 시대가 열렸다. 우리나라에도 한국전쟁을 통해 인스턴트커피가 전파되었는데, 전후 국가 주도로 커피 산업을 키워보려 했음에도 미군의 인스턴트커피에 입맛을 빼앗긴 사람들은 좀처럼 다른 커피를 마시려 하지 않았다.

흔히 사무실 커피라 불리는 인스턴트커피인 '믹스커피'가 등장한 것은 1976년의 일이다. 동서식품이 동결건조 우유인 프리마를 개발하고 이를 인스턴트커피, 설탕과 함께 섞어 넣은 믹스커피를 출시한 것이다. 언제 어디서나, 쉽고 빠르게 달달하고 부드러운 커피를 만들어주는 믹스커피는 미제 커피에 길들여진 국민들의 입맛을 사로잡았다. 믹스커피의 유행으로 사람들 사이에 커피에 대해 고정관념이 생겨났다. "빨리 마실 수 있고 달아야 한다." 1970~80년대 이어진 고도의 산업화와 함께 믹스커피는 성공신화를 이룩했고 그 시절의 카페 문화와 믹스커피는 어느새 우리 대중 커피 문화의 이미지를 만들고 있었다.

하지만 창창할 것 같았던 믹스커피의 인기는 영원히 검은색일 줄 알았던 믹스커피 애호가 부장님의 머리카락이 하얗게 변하듯 내리막길을 걷는다. 커피 업계에서는 이 역사를 '커피 제2의 물결'로 설명한다. 인스턴트커피가 이끌었던 '제1의 물결'을 지나, 달기만 한 인스턴트커피에 싫증을 느낀 대중이 스타벅스와 같은 '제3의 공간'을 찾아 신선한 원두로 만든 커피를 즐기게 된 '제2의 물결'이 일어난 것이다. 최근에는 산업의 발전과 자본의 유입으로 커피 본연의 맛과 향을 중요시하는 '제3의 물결'이 등장해 신선하고 질 좋은 커피를 찾는 이들이 많아졌다.

믹스커피는 언제부턴가 '싸구려 커피'라는 인식과 건강하지 않은 음식이라는 이유로 배척당하기 시작했다. 쉽게 마실 수 있는 믹스커피로 부족해진 당을 충전해가며 야근을 버티는 시대 또한 저물어가고 있다. 커피를 마시는 일이 취미의 영역으로 인정받고 소비의 방향

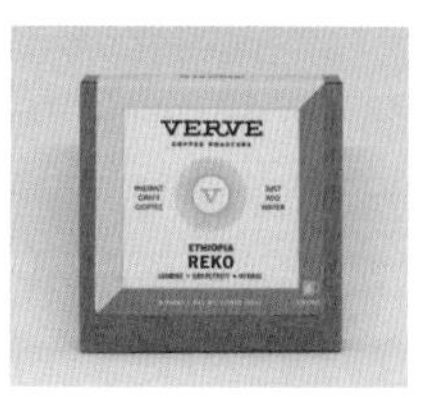
VERVE
COFFEE ROASTERS
ETHIOPIA
REKO

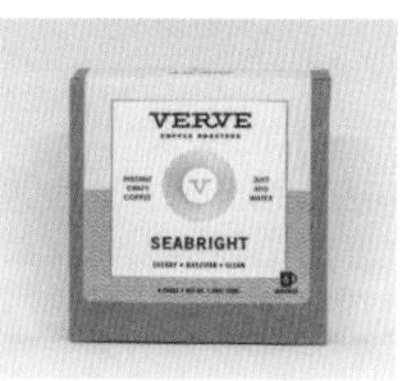
VERVE
COFFEE ROASTERS
SEABRIGHT

NACHO
NACHO
NACHO
COFFEE LIBRE

Enjoy!

SPECIALTY
INSTANT COFFEE

CITY COFFEE
시티커피
CITY COFFEE
CITY
3000원
3000원
자연
한포기
Bee Sweet
Premium Lemons

이 바뀌자 인스턴트커피는 설 곳을 잃어가는 듯했다.

인스턴트커피가 부활의 조짐을 보인 것은 2009년 스타벅스가 '비아VIA'를 출시하면서부터다. 기존 인스턴트커피는 저가 품종인 로부스타를 사용한 반면, 비아는 고급 품종인 아라비카만을 사용해 만들었다. 또, 커피 원액을 동결건조해 만든 인스턴트커피 외에 소량의 볶은 원두를 가늘게 갈아 넣었다. 쓴맛이 강하고 향이 깊지 않아 설탕과 프리마가 짝꿍처럼 붙어 다녔던 인스턴트커피와 달리, 비아는 갓 볶은 커피를 갈아 내린 것과 유사한 맛을 내 큰 인기를 끌었다. 이후, 국내에서는 동서식품이 스타벅스와 같은 방식으로 커피 본연의 맛을 살린 '카누'를 출시했다.

인스턴트커피의 혁신은 계속 이어졌다. '제3의 물결'이라 불리는 스페셜티 커피 시대가 도래하면서, 커피 품질도 높아지고 제조 기술에도 혁신이 일어나 '스페셜티 인스턴트커피'가 등장한 것이다. 미국의 3대 스페셜티 커피 업체 중 하나로 꼽히는 인텔리젠시아를 비롯해 블루보틀, 버브커피, 세인트알리 등 유명 업체들이 인스턴트커피 제조 업체와 손잡고 제품을 출시했다.

"이것은 당신의 할머니가 드시던 그 인스턴트커피가 아니다This ain't your grandma's instant coffee."

인스턴트커피를 전문적으로 만드는 스타트업 '스위프트 컵 커피Swift Cup Coffee'가 유명 스페셜티 커피 업체 버브커피와 협업해 출시한 제품 뒤에 써 넣은 문구다.

인스턴트커피는 본디 고도의 기술력과 상당한 자본의 투입으로 만들어진다. 하지만 대량생산을 위해 저품질의 커피를 사용하다 보니 싸구려 커피라는 오명을 뒤집어쓰게 되었다. 스페셜티 인스턴트커피는 전문가가 산지에 찾아가 엄선한 커피를 재료로 만들어진다. 최신 인스턴트커피 제조에는 동결건조 기술뿐 아니라 향미 보존 기술과 초미세 그라인딩 기술이 접목되어, 어떤 상황에서도 그 맛과 향을 뿜어내는 커피를 만들어낸다. 완성된 커피에는 스페셜티 커피 전문점에서나 볼 수 있는, 농장·품종·가공 방식 등의 상세한 정보가 담겨 있기도 하다. 가장 놀라운 것은 언제 어디에서나 동일하게 맛있고 향기로운 커피를 마실 수 있다는 점이다.

인스턴트커피는 이제 더 이상 야근과 함께 사무실을 지켜온 부장님의 전유물이 아니다. 전 세계 커피 시장의 20%가 인스턴트커피로 유통되고 있으며, 국내에서는 그 비중이 40% 이상이다. 블루보틀을 인수한 네슬레, 스타벅스 등 다국적 커피 기업들은 향후 브랜드의 성장의 발판을 마련하기 위해 인스턴트커피와 RTDReady to Drink 커피 등에 역량을 쏟아 붓고 있다. 국내에서는 나무사이로, 커피리브레, 프릳츠커피컴퍼니 등 업계를 대표하는 유수의 업체에서 스페셜티 커피로 만든 인스턴트커피를 출시했다.

뛰어난 맛과 향을 자랑하는 고급 커피가 등장했지만, 사람들은 여전히 커피 한 잔을 만드는 데 필요한 귀찮음을 이기지 못한다. 입맛은 변했지만, 할머니가 만들어준 믹스커피처럼 뜨거운 물에 봉투 하나 뜯어 넣고 휘휘 저으면 끝나는 편안함은 평생 잊지 못하기 때문이다. 그리하여 환골탈태한 인스턴트커피의 앞날은 창창하지 않을 수 없다.

커피로 잠 못 이루는 그대에게 : 디카페인 커피

종이컵에 프림 둘, 설탕 둘 넣고 휘휘 저어 커피를 마시던 시절에 취향은 존재할 수 없었다. 야근을 위해 내일의 체력까지 몰아 써야 하는 직장인에게 커피는 카페인에 불과했다. 하지만 이제 카페인 때문에 커피를 마시는 사람은 점점 줄어들고 있다. 커피를 대체할 훌륭한 카페인 음료가 편의점에 즐비하고, 커피는 취미의 음료로 거듭나고 있기 때문이다. 커피에서 처음으로 카페인이 발견된 지 200년이 지난 지금, 이제는 커피가 카페인에게 안녕을 말하고 있다.

2018년 미국커피협회National Coffee Association, NCA는 커피 소비자 중 42%가 디카페인 커피를 마신다는 통계를 발표했다. 우리나라 관세청 수출입 통계를 살펴보면, 디카페인 커피 수입량은 2019년과 2020년에 전년 대비 각각 44%포인트, 53%포인트 성장했다. 바야흐로 디카페인 커피의 시대가 도래한 것이다.

'카페인caffeine'은 1820년 처음으로 커피에서 그 성분을 발견한 독

FELT
Decaffeinated
200g

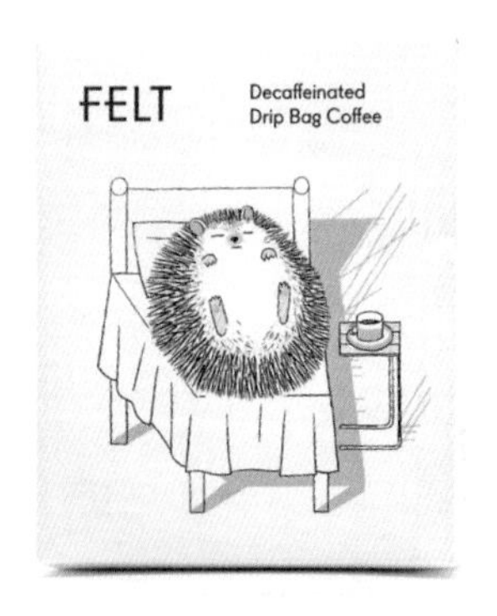
FELT
Decaffeinated
Drip Bag Coffee

일 화학자 프리들리프 페르디난트 룽게Fredlieb Ferdinand Runge가 지은 이름이다. 이 카페인을 커피에서 분리해낸 것은 1906년의 일로, 아버지의 죽음이 카페인 과다복용이라 생각한 독일의 커피 상인 루트비히 로젤리우스Ludwig Roselius가 벤젠을 사용해 디카페인 커피를 만든 것이다. '카페 하그Kaffee HAG'라는 브랜드로 제작된 이 디카페인 커피는 심장질환과 신경 안정에 도움이 된다는 홍보 문구와 함께 대중에 소개됐다. 놀랍게도 이 디카페인 커피는 유럽에서 선풍적인 인기를 끌었고, 1932년 미국의 제너럴푸드General Foods가 브랜드를 인수하기에 이르렀다. 당시 디카페인 커피는 시장점유율이 12%에 이를 만큼 큰 관심을 받았다는 기록도 있다.

하지만 곧 디카페인 커피를 제작하는 방법을 수정해야 했다. 벤젠이 발암물질로 규정되었기 때문이다. 이후 벤젠의 역할은 염화메틸렌Methylene Chloride과 에틸아세테이트Ethyl Acetate에게 넘어갔다. 커피를 이 성분들이 용해된 물질에 침지시켜 카페인을 분리시키는 것이 디카페인 커피를 만드는 방법이었다. 하지만 염화메틸렌의 경우 완성된 디카페인 생두에는 남아 있지 않지만 그 자체로 발암을 유발하는 성질이 있으며, 에틸아세테이트 또한 인화물질로 작업이 위험하다는 단점이 있다. 때문에 이를 대체할 방법으로 '초임계 유체 추출Supercritical Fluid Extraction'이라 불리는, 이산화탄소와 고압을 활용한 카페인 제거 방식도 등장했다. 하지만 초기 설비투자 비용이 높다 보니, 아직까지는 널리 사용되지 못하고 있다.

여러 가지 이유로, 최근 가장 선호되는 디카페인 커피 제조 방법은 스위스워터 프로세스와 마운틴워터 프로세스다. 스위스워터 프로세스는 스위스워터Swiss Water라는 회사에서 개발했다. 생두를 12시간 동안 물에 담근 후 카본필터로 카페인만 걸러낸 생두 추출물Green Coffee Extract, GCE을 사용하는데, 커피 생두를 이 생두 추출물에 넣어 삼투압 방식으로 카페인만 용해시키는 방법이다. 마운틴워터 프로세스도 동일한 원리로 카페인을 제거하는데, 이 방법을 고안한 데스카멕스Descamex 사의 설명에 따르면, 자사가 개발한 특수 필터가 공정에 추가로 필요하다고 한다. 두 방법은 화학성분을 사용하지 않는다는 점에서 많은 업체들의 선호를 받고 있다. 이와 함께, 최근에는 사탕수수에서 유래한 천연 에틸아세테이트를 이용하는 워터 EA 프로세스Water EA Process, 혹은 Sugar Cane Decaf도 주목받고 있다. 디카페인 공정의 발전과는 별개로 카페인이 없는 품종을 개발하려는 시도도 있다. '데카피토Decaffito'는 브라질 정부가 육성하고 있는 브랜드로, 카페인이 적게 함유된 커피 품종인 코페아 차리에리아나Coffea Charrieriana를 사용한다.

기술의 발전으로 디카페인 커피의 품질은 날로 좋아지고 있다. 최근 들어서는 스페셜티 커피 업체들도 앞다퉈 디카페인 커피를 판매하고 있는데, 블라인드 테스트를 한다면 전문가들도 구분하기 힘들 정도로 그 맛과 향이 뛰어나다. 아직까지 비용 문제로 농장이나 품종 단위로 구분해 따로 가공하지 못하지만, 앞으로 기술이 발전하고

시장이 커지면 손에 꼽히는 품질의 디카페인 커피가 탄생할 날도 머지않은 것으로 보인다. 커피 애호가들에겐 여러모로 기쁜 소식이다. 밤과 낮을 가리지 않고 취향에 맞는 커피를 마실 수 있기 때문이다. 뿐만 아니라 카페인 때문에 커피를 마시지 못했던 수많은 사람들과도 커피의 아름다움을 나눌 수 있어 좋다. 커피를 사랑하는 이들이 늘어나는 것만큼 행복한 일은 없을 테니 말이다.

카페의 공간과 백화점의 비공간
: 제3의 공간과 카페

커피를 주문하고 볕이 드는 입구 자리에 앉는다. 책을 보던 낮은 시선으로 고개를 돌리면, 문을 열고 들어오는 사람들의 발이 보이는 자리다. 커피를 한 모금 마시니 문이 열리며 구두가 발을 내딛는다. 슬쩍 고개를 올려 보니 한 손에는 꽃다발이 들려 있다. 새 자리에 다시 둥지를 튼 카페의 첫 날을 축하하는 단골 같아 보인다. 오래된 주택가를 마주한 카페 앞에는 편안한 복장으로 산책을 하는 이들도 많다. 깔끔하게 차려진 새로운 공간이 낯선지 몇 번을 두리번거리는 사람도 있다. 그러다 문을 열고 들어오는 이들은 슬리퍼를 신었고, 또 어떤 이들은 운동화를 신었다. 바리스타는 그들의 취향에 맞는 커피를 추천한다. 비어 있던 자리는 곧 사람들로 가득 차고, 커피 향기는 더 깊어진다.

인스턴트커피의 편리함에 길든 대중이 카페를 찾게 된 것은 '제3의 공간'이 필요했기 때문이다. 제3의 공간은 사회학자 레이 올든버그Ray Oldenburg가 주창한 개념으로, '대화가 중심이 되고 개개인을 존중하는, 즐겁고 편안한 공간'을 의미한다. 간단히 말해, 집과 직장이 아닌 공간 중에서 사람들이 스스럼없이 모일 수 있는 곳이 바로 제3의 공간이다. 그곳에서 사람들은 세계를 경험하고 타인과 관계를 맺으며 자신의 정체성을 확인한다. 스페셜티 커피 시대에 이르러서 카페라는 공간의 역할은 더욱 중요해졌다. 세계화와 도시화가 고도로 진행되면서 '비장소non-place'가 늘어나고, 카페처럼 제3의 공간의 역할을 해줄 곳은 줄어들고 있기 때문이다.

프랑스의 인류학자 마르크 오제Marc Auge가 정의한 비장소를 이해하기 위해서는 고속도로를 떠올리면 된다. 고속도로에서 운전자들은 자신이 지나가는 곳의 풍경 등을 무시한 채 표지판만 보고 달린다. 백화점이나 복합 쇼핑몰이 대표적인 비장소다. 그곳에서는 고객과 점원 사이에서 서비스를 바탕으로 한 사무적인 대화만 일어난다. 원하는 상품을 선택한 고객에게 점원은 결제수단을 전달받는다. 마치 일시적인 계약관계에 따라 서로의 역할을 수행하는 것인데, 이 계약의 수행을 위해 고객은 신분 확인을 필요로 한다. 가령 백화점에 들어가서 쇼핑을 하기 위해서는 보통의 경우 잘 차려진 옷을 입고, 그 공간에서 소비할 수 있을 만큼 충분한 자산이 있다는 것을 입증해야 고

FELT

객이라는 역할을 부여받을 수 있는 것이다.

사람들은 역할을 부여받아 정해진 동선에 따라 목적을 달성하는 일에서 편안함을 느끼지만, 동시에 그것이 주는 기쁨의 한계도 느낀다. 백화점에 들어서면 그 공간을 설계한 사람의 의도에 따라 움직여야 하며, 그곳에서의 소비는 대부분 수동적인 행위다. 그래서 사람들은 불규칙성이 지배하는 구도심을 찾는다. 처음 보는 골목길을 거닐고 의도치 않은 풍경을 목격하는 일은 그 자체로 즐거움을 준다. 그러다 우연히 찾은 카페에서 마신 커피 한 잔은 공간의 경험을 제공한다. 바리스타와 대화하며 취향을 찾고, 낯선 사람들과 마주하며 새로운 세계를 경험한다. 새로운 트렌드가 백화점이나 복합쇼핑몰 같은 비공간이 아닌 을지로나 성수동의 어느 허름한 골목길에서 탄생할 수밖에 없는 이유다.

우리 시대의 공간에 관해 생각해본다. 갈수록 재개발이 난무하고 비장소는 늘어날 것이다. 하지만 사람들은 세계를 경험하고 자신의 정체성을 찾을 수 있는 공간 없이는 살 수 없다. 그러니 무미건조하게 높이 솟아오른 아파트는 결코 도시의 해답이 될 수 없다. 무의미한 계약관계만 가득한 비장소의 확장 또한 도시의 성장이라고 볼 수 없다. 비공간에서 벗어난 카페가 더 많아지고, 더 많은 사람들이 그 공간에서 위안을 얻어야 한다. 우리는 서로 간의 유대 없이는 살 수 없고, 공간이 주는 힘 없이는 스스로를 지탱할 수 없기 때문이다.

서비스의 새 시대 제3의 물결
: 스페셜티 커피 시대의 서비스란

인사가 만사라고 하지만 만사는 늘 쉽지 않다. 특히 소비자와 대면하는 서비스업의 경우 더 그렇다. 왕도가 있다면 이 분야에 특화된 사람을 만나는 것이다. 영업에 천재적인 재능을 가진 이런 사람들은 어떤 분야에서 일하든 소비자의 마음을 홀려 상품을 판매하는 마법 같은 능력을 가졌다. 가령, 커피 한잔하러 카페에 온 손님의 손에 쥐도 새도 모르게 원두 한 봉지를 들려 보내는 일이 그렇다. 하지만 이런 사람을 찾기는 쉽지 않다. 또 사업의 규모가 커지면 개인의 퍼포먼스만으로 영업을 유지하기는 힘들기에, 어렵게 고용계약 체결에 성공했다 하더라도 끝까지 성공할 수 있다는 보장이 없다. 평생 같은 규모로 사업을 지속하더라도 장기간 큰 문제 없이 특정인을 고용한다는 것은 배필을 만나는 것만큼 천운이 필요한 일이다.

그리하여 서비스 매뉴얼이 등장한다. 소비자의 입점 순간부터 퇴점까지 직원이 해야 할 역할을 조목조목 정리한 것이다. 서비스업이 융성하기 시작하던 시절 초장기 매뉴얼에는 '웃어야 한다'는 조항이 있었다. 고객이 왕이니, 왕을 맞이하는 점원은 항상 미소를 띠고 있어야 한다는 것이다. 하지만 시간이 흘러 직원도 존중받는 시대가 되었다. 이에 발맞춰 업체들은 '웃어야 한다'는 조항을 바꿔 '고객에게 웃으면서 다가설 수 있는 법'을 가르치기 시작했다. 흔히 대부분의 프랜차이즈에서 교육하는 MOTMoment of Truth 개념이 바로 이것인데, 서비스를 수행하는 과정에서 고객과의 접점을 의미한다. 이 진실의 순간(혹은 결정적 순간)이 모여서 기업과 브랜드의 만족도가 결정된다는 것이다.

하지만 고객에게 행복을 전달해야 한다는 사명은 여전히 불편하다. 불필요한 감정노동은 변해가는 소비자들의 감성에도 어울리지 않는다. 이러한 흐름을 기민하게 포착한 업체들은 '웃을 수 있는 환경'을 조성하는 일에 앞장서고 있다. 그야말로 서비스의 새 시대가 열린 것이다. 웃을 수 있는 환경을 조성하는 방법은 다양하다. 대표적으로, 기업이나 브랜드가 잘 설계된 고유의 내러티브(혹은 방향성)를 가지고 직원들에게 동기부여를 하거나 충성심을 이끌어내는 방법이 있다.

블루보틀의 직원 교육 프로그램 '임바크Embark'는 블루보틀의 역사부터 핵심가치, 기업 문화를 배우는 과정인데, 조직의 발전은 물론 개인의 성장에도 도움이 되는 프로그램으로 평가받는다. 프릳츠커피컴퍼니는 '동기부여가 잘된 사람들의 모임'이라는 이름으로 직원 교육을 한다. 개인이 지향하는 가치가 훼손되지 않으면서도 먹고살기 위해 모인 공동체가 공통의 가치를 추구할 수 있도록 서로의 생각을 조율하는 것이다.

매장이 위치한 주변 환경도 직원이 웃을 수 있는 계기를 마련하는데 중요한 요소가 된다. 미국을 대표하는 도시계획가 제인 제이콥스

PEER
PEER
PEER
It's here
흡연금지
PEER

Jane Jacobs는 《미국 대도시의 죽음과 삶》에서 "억압적인 지구 설정으로 상업적 독점을 가진 매장에서 공적 인물에 부담이 가해지면 그들의 능력은 떨어질 수밖에 없다"고 지적한다. 여기서 공적 인물은 매장에서 주도적으로 커뮤니케이션을 하는 직원이 될 수 있는데, 어떤 이유로든 매장이 바빠지게 되면 그 능력은 제대로 발휘될 수 없고 서비스의 질 또한 낮아질 수밖에 없다. 가령, 쉴 새 없이 시간당 수십 잔의 음료를 만들어야 하는 환경이라면, 아무리 서비스의 천재가 투입된다 하더라도 그 지속성은 보장되지 않는 것이다.

이외에도, 소비자들이 요구하는 바 또한 중요하다. 가끔씩 본인들이 지불하는 비용에 비해 과한 서비스를 요구하는 상권이 있다. 공항, 백화점 명품매장, 고급 주택가 사이에 있는 매장들이 높은 확률로 이에 속한다. 고풍스러움을 추구하는 유럽풍 인테리어에 직원들은 5성급 호텔만큼의 호화스러운 기계적 친절을 보여주는 카페가 있다. 커피를 파는 곳이라기에는 도무지 감당할 수 없는 어떤 기운이 느껴지는 공간이다. 하지만 정작 이런 곳의 직원들이 누구 하나 자신이 판매하는 커피에 관해 제대로 설명하지 못하는 것을 자주 본다. 고객들이 요구하는 것에만 에너지를 집중한 나머지 본질을 잃어버린 것이다.

종종 직원들 간의 위계질서가 느껴지는 경우도 있다. 군대식 문화가 조직 내에 만연해 오래 일한 사람들이 주도권을 가지고 매장 안에서 권력을 행사하는 것이다. 새로 들어온 신입 직원은 선임들의 눈치를 보느라 고객 응대에도 소극적이 될 수밖에 없는데, 실수를 하는 순간 정신적인 박해를 받을 것이 뻔하기 때문이다. 종종 이런 매장들은 상급 관리자나 대표(혹은 사장)가 직원을 대하는 태도를 반영하기도 한다. 개개인의 성향과 퍼포먼스보다 일터의 구조적인 문제가 서비스 경험을 좌우하고 있는 것이다.

스페셜티 커피 산업이 성장하면서 도처에 맛있는 커피를 마실 수 있는 공간이 생기고 있다. 몇몇 카페는 개성 넘치는 인테리어로 그 자체로 하나의 현대예술을 보는 듯한 느낌을 주기도 한다. 하지만 놀이공원의 어드벤처라도 온 듯 커피를 후루룩 마시고 나면 다시 그곳이 생각나지 않는 경우가 많다.

오래도록 다시 찾는 카페들은 따뜻한 환대를 기억 속에 남긴다. 최선을 다해 준비한 커피에 관한 애정을 담은 설명을 듣다 보면 먼 길을 에둘러 그곳을 찾았더라도 그 수고스러움이 전혀 아깝지 않게 느껴진다. 결국에는 사람이 하는 일이니 완벽할 수는 없다. 어떤 날에는 커피가 평소보다 맛없을 수도 있고, 어떤 날에는 준비되지 않은 상태로 매장에 손님을 맞을 때도 있다. 손님들도 그날의 기분에 따라 같은 커피라도 다른 맛을 느낀다. 그 다양한 경험의 차이를 상쇄하는 것은 결국 또 사람의 마음이다.

Part 3

이곳에
당신이 원하는
커피가 있다

7장

메뉴판 따라 스페셜티 커피

에스프레소를 마시고 싶을 때

처음 에스프레소를 마시고 당황했던 추억이 생생하다. 생각보다 적은 양, 칠흑같이 쓴맛과 진득한 질감 때문에 한참 동안 어찌할 바를 몰랐다. 왠지 멋있어 보이는 이름에 혹해서 한참을 켁켁거려야 했던 부끄러운 경험이다.

고온·고압에서 재빨리 추출하는 에스프레소의 맛을 간단히 설명하면, 강렬한 쓴맛과 초콜릿 같은 질감이다. 이탈리아의 '에스프레소 인스티튜트'에서는 7g의 커피를 9바아의 압력으로 25ml 내외로 추출해 데미타세 잔(데미타세demitasse는 더블 에스프레소를 뜻하는 이탈리아어)

에 제공할 것을 권장한다. 이탈리아의 에스프레소는 역설적으로 스타벅스를 통해 아메리카노, 카페라테의 베이스로 널리 알려지게 되었다. 에스프레소 특유의 쓴맛과 질감이 처음에는 부담스럽지만, 어둡고 강렬한 쓴맛의 외피를 조금만 열어보면 섬세한 과일 향, 제철에 화원과 야생에 핀 꽃을 연상시키는 향미, 진득하면서도 매끄러운 질감, 길고 여운 있는 피니시가 살포시 고개를 든다. 2013년 한국 커핑 챔피언 박수현의 표현처럼 "맛있는 에스프레소는 (설탕을 넣지 않고도) 달다". 좋은 에스프레소가 달다는 것을 많은 사람들이 알았으면 좋겠다.

한국의 에스프레소 커피 문화는 이탈리안 에스프레소를 중심으로 급속히 성장 중이다. 한국 최초의 이탈리안 에스프레소 커피 바 리사르커피, 스페셜티 커피 에스프레소와 창작 메뉴를 선보이는 바마셀, 이탈리안 커피와 스페셜티 커피를 넘나드는 헬카페가 한국을 대표하는 에스프레소 매장으로 손꼽힌다.

리사르커피

리사르커피는 한국에서 이탈리아 커피 문화를 멱살 잡고 끌듯 이끌어가고 있는 업체다. 참고로, 이탈리아는 남부와 북부의 커피 문화가 미묘하게 다르다. 밀라노를 중심으로 산업이 발달하고 세련된 북부의 이탈리아인들은 우아하고 산뜻한 아라비카 기반의 에스프레소를 선호하고, 나폴리를 비롯한 남부 이탈리아는 로부스타 품종이 포함되어 크레마와 질감이 강렬한 에스프레소를 사랑한다. 북부의 에스프레소는 깔끔한 스페셜티 커피와 유사하고, 남부의 에스프레소는 오후의 피로를 한방에 날리는 임팩트를 중요시한다. 리사르커피의 에스프레소는 남부 이탈리아 커피의 질감과 비슷하다.

리사르커피는 2012년 왕십리에서 시작해서 2018년 약수역 인근으로 자리를 옮기면서 정통 이탈리안 에스프레소 커피 바로 자리매김했고, 2021년에 청담 2호점, 2022년에 명동 3호점을 오픈했다. 리사르커피 약수본점의 위치는 약수역 7번 출구 주변, 순댓국 골목을 지나 나오는 조용한 주택가다. 리사르 약수 본점은 아침 7시부터 오후 3시 30분까지 영업한다.

리사르의 최대 장점은 이탈리아와 비슷하게 저렴한 커피 가격이다. 에스프레소 커피 한 잔 가격은 이탈리안 에스프레소 바 현지 가격 1유로와 동일하게 1,500원을 기준으로 한다. 리사르커피(약수본점)는 좌석이 없는 입식 커피 매장인데, 커피 맛과 분위기, 심지어 가격까지 타차도로, 산우스타키오, 카페그레코를 포함한 이탈리아의 대표적인 에스프레소 커피 바와 비슷하다.

추천 커피는 당연히 에스프레소. 특별한 요구가 없는 한, 설탕을 첨가해서 내준다. 베니스에서 생산하고 나폴리의 에스프레소 바들이 사랑하는 산마르코 레바 머신으로 추출한, 이탈리아 남부의 햇살과 지중해가 떠오르는 강렬한 질감의 에스프레소다. 또 다른 추천 메뉴는 스트라파차토. 뜨겁게 데운 커피 잔에 크레마를 가볍게 두르고 카카오 가루를 첨가한 나폴리 방식 에스프레소다. 크레마로 입 안을 코팅한 후 마시는 카카오 에스프레소가 더욱 진득하다.

입식 에스프레소 바가 전부인 곳이지만, 강렬한 이탈리안 에스프레소가 생각난다면 리사르를 가장 먼저 추천한다. 최근 오픈한 청담 매장이 세련되었지만, 개인적으로는 본점의 후끈한 분위기를 좋아한다. 리사르의 에스프레소를 한 잔 마시고, '덕불고필유린德不孤必有隣'(덕이 있으면 외롭지 않아 반드시 친구가 있다)이라는 액자 속의 글귀를 되새겨본다.

바마셀

2011년 콜롬비아 보고타에서 열린 월드바리스타챔피언십에 한국 대표로 출전해 베스트 에스프레소 부문을 수상한 최현선 바리스타가 홍대 앞 '파이브 익스트랙츠'에 이어 2019년 바마셀을 오픈했다. 에스프레소와 창작 메뉴의 대가 최현선은 커피템플의 김사홍, 커피렉의 안재혁, 커피그래피티의 이종훈과 함께 한국 스페셜티 커피 초창기의 전설적 사대천왕으로 손꼽힌다.

매장의 위치는 용산경찰서 주변, 최근 오픈한 '헬카페 보테가'가 지척이다. 바마셀의 대표 메뉴는 카페 콘 주케로. 가당加糖을 한 스페셜티 커피 에스프레소다. 리사르의 에스프레소가 돌직구처럼 무겁고 단단하다면, 바마셀의 에스프레소는 꽃, 과일, 캐러멜, 초콜릿을 포

함한 입체적인 향미가 특징이다. 다양한 향미와 밸런스, 단맛이 인상적이다. 로스팅은 단맛을 잘 재현하는 디드릭, 에스프레소 머신은 이탈리아 머신을 상징하고 쫄깃한 에스프레소를 추출하는 페이마 E61이다. 그라인더는 커피의 단맛을 부각시키는 미토스원이다.

바마셀의 또 다른 추천 메뉴는 에스프레소 셔벗에 크림을 올린 '그라니따 디 카페'다. 아이스 음료이지만 한겨울에도 변함없이 인기가 많다. 차가운 에스프레소 셔벗에 스페셜티 커피 특유의 과일 향과 꽃향기가 압축되었고 크림의 달콤함으로 마무리된다. 샤케라토, 트리콜로레, 콘파나까지 에스프레소 바 위에 스페셜티 커피 창작 메뉴의 대가 최현선의 영감이 가득하다. 평균가격은 4,000원. 품질에 비해 충분히 훌륭한 가격이다. 에스프레소 이외에도 창작 메뉴가 다양하고 모두 맛있다. 바마셀Bamaself, By Myself이라는 이름처럼 바리스타 1인 매장이라 러시타임에는 조금 바쁘다. 단점은 한자리에서 몇 잔을 마신 후 만나는 후유증이다.

헬카페 보테가

임성은 바리스타, 권요섭 로스터의 지옥 다방, 헬카페가 새로운 에스프레소 전문 매장 '헬카페 보테가'를 용산경찰서 앞에 새롭게 오픈했다. 헬카페 보테가는 정통 이탈리안 다크 로스팅과 로부스타 블렌딩을 기본으로 하는 이탈리안 에스프레소 매장을 표방한다. 이탈리아어로 상점이라는 의미의 보테가는 보광동의 헬카페 로스터스, 이촌동 헬카페 스피리터스에 이은 세 번째 매장이다. 헬카페 그룹(?)은 에스프레소와 밀크커피 스페셜리스트 임성은 바리스타와 통돌이 직화 로스팅 장인 권요섭 로스터가 동업한 카페다. 헬카페는 보테가를 오픈하면서 독일 프로밧 P12 모델로 새롭게 로스팅 공장을 운영하며 원두 납품을 시작했다.

매장의 추천 메뉴는 헬카페 강배전 블렌딩 에스프레소. 인도 아자드 힌두 싱글오리진 파인 로부스타 품종이 들어간 스페셜티 커피의 선명한 향미와 에스프레소 커피의 자욱하면서 달콤하고 깔끔하면서 아름다운 애프터가 놀랍다. 로부스타 품종은 품질이 나쁘다는 편견이 있지만, 헬카페에서 사용하는 파인 로부스타는 커피의 질감을 상승시키고 입체감, 강력한 임팩트와 박력을 완성시킨다.

두 번째 추천 메뉴는 밀크커피 전문가 임성은 바리스타의 카푸치노. 커피를 주문하면 즉시 손님 앞에서 카푸치노를 완성해서 제공한다. 눈앞에서 장인 바리스타의 카푸치노를 직접 보는 것도 재밌지만, 에스프레소와 우유가 완벽하게 혼합된 즉시 마시는 카푸치노의 미끄러운 질감이 일품이다. 마지막 추천 메뉴는 이탈리안 스타일 마키아토. 에스프레소 위에 촉촉한 거품과 거칠고 단단한 거품이 진득한 에스프레소와 맹렬하게 대치한다.

커피 전문점이지만, 권요섭 바리스타가 엄선해 선보이는 LP 음악이 빈티지 스피커를 통해 흘러나오고, 임성은 바리스타가 정성스럽게 준비한 꽃들이 활짝 피어 있다. 커피 한 잔, 음악과 아름다운 꽃들이 위로를 선사한다.

우유 없이 커피를 못 마신다면 : 밀크커피

한여름에 마신 진득한 아이스 카페라테 혹은 환절기 바람과 함께 했던 카푸치노 한 잔처럼, 커피와 우유는 사시사철 커피 애호가들이 사랑하는 조합이다. 세계 각처의 밀크커피를 살펴보면, 맨해튼의 뉴요커는 소호에 있는 아브라소의 '코타도'와 알파벳시티에 있는 '나인스스트리트9th street 에스프레소'의 진득한 밀크커피, 샌프란시스코 시민들은 블루보틀의 히든 메뉴 지브롤터 라테(블루보틀 바리스타들은 바쁜 업무 시간에 지브롤터라는 유리잔에 밀크커피를 담아 마셨는데, 단골들이 그것을 주문하면서 히든 메뉴가 되었다), 영국 런더너들은 내셔널갤러리 앞의 '노트커피'의 유지방 함량이 높은 스페셜티 밀크 카페라테 등을 마신다.

한국에서는 성수동 로컬 커피의 상징 메쉬커피의 메쉬흰커피(메쉬커피의 밀크커피를 '흰커피'라 한다), 연희동 디폴트밸류커피의 시그니처라테, 용리단길 쿼츠커피의 쿼츠라테가 최고의 밀크커피로 손꼽힌다.

메쉬커피 흰커피

한국 독립 커피의 상징 메쉬커피는 2015년 2월 겨울, 당시에 썰렁했던 뚝섬역 주변에서 시작했다. 김현섭 로스터와 김기훈 바리스타의 메쉬커피는 꾸준히 성장해 젊은이들이 사랑하는 성수동 로컬 커피의 상징이 되었다. 2019년에 블루보틀커피 본점이 주변에 오픈했지만, 도리어 매쉬커피의 매출과 인지도가 더욱 상승하는 기현상이 발생했다. 실제로 블루보틀의 바리스타들 중에 메쉬커피의 단골이 은근히 많다.

메쉬커피는 컵오브엑설런스 커피와 같은 블랙커피 라인업도 훌륭하지만, 메쉬 특유의 약배전 커피와 60도 내외의 적절한 온도의 우유가 조합된 메쉬 흰커피는 한국 커피 전문가들이 최고로 손꼽는 밀크커피다. 우유의 경우 섭씨 60도 이상으로 데워졌을 경우에 단백질이 경화되어 비릿해지거나 역취가 강해진다. 개인적으로 추천하는 메쉬의 흰커피는 카푸치노. 싱글 샷 에스프레소를 기준으로 적절한 온도로 데워진 소량의 우유가 조합되었다. 향미가 풍부한 약배전 에스프레소와 우유가 체결된 즉시 마셨을 때 더욱 훌륭하다.

진득한 커피를 좋아하면 카푸치노, 무난한 커피를 좋아하면 메쉬라테, 진한 커피를 좋아한다면 플랫화이트, 심지어 더블 샷 에스프레소와 소량의 우유를 사용하는 코타도까지, 메쉬의 다양한 흰커피 모두 맛있다. 러브 블렌딩 에스프레소를 기본으로 한 흰커피가 훌륭하

default value

default value

cafe Mes
MOAI
BAR SYSTEMS

지만, 얼마 전 메쉬커피 해방촌 매장에서 마신 과테말라 엘소코로 싱글오리진 에스프레소에 우유를 첨가한 카푸치노도 인상적이었다.

메쉬 매장은 활발하고 분주하면서 커피에 집중하는 투박한 분위기다. 뚝섬역 본점과 TMH와 협업하는 테이크아웃 부스에 이어 최근 해방촌에 매장을 새로 개설했다. 한국 최고의 흰커피 맛집이면서 성수 지역을 대표하는 메쉬커피는 기본 커피가 훌륭할 뿐 아니라 성수동 힙스터들의 성지로도 유명하다. 젊은이들의 후끈한 바이브를 느낄 수 있는 메쉬커피를 강력히 추천한다.

디폴트밸류커피 시그니처라테

오랫동안 커피 대기업에서 수석 바리스타로 활동하던 신창호 씨가 2020년 연희동에 디폴트밸류커피를 오픈했다. 2013년 커피인굿스피릿 챔피언, 2015년 사이퍼니스트 챔피언, 2019년 한국바리스타챔피언십 파이널리스트. 디폴트밸류의 신창호 바리스타는 다재다능한 커피인의 표본이다. 컴퓨터 설정의 기본값이라는 뜻의 디폴트밸류는 다양한 커피 경험을 가진 신창호 바리스타의 커피에 대한 존중과 마음가짐을 표현하고 있다. 디폴트밸류는 코로나 사태 초기에 매장을 열었음에도 순식간에 커피인들과 일반인 모두가 애정하는 매장으로 자리를 잡았다.

디폴트밸류의 대표 커피는 시그니처라테다. 신창호 바리스타가

2019년 한국바리스타챔피언십 결승 라운드에 진출할 때 만든 밀크커피다. 깔끔하고 강렬한 에티오피아 블렌딩 커피에 우유의 수분율을 조절해 지방 성분을 강화한 특수가공 우유를 조합했다. 입체적인 향미의 커피와 유지방이 강화된 특수가공 우유의 조합이 상상 이상으로 훌륭해, 커피와 우유의 다양한 풍미가 입 안에서 화려하게 펼쳐진다. 특수가공 우유의 원가 부담이 만만치 않음에도 가격은 6,000원이다. 런던의 미슐랭 레스토랑, 힐튼파크레인 갤빈앳윈도스 Galvin at Wondows의 헤드셰프 원주영 씨가 한국 방문 중 디폴트밸류의 시그니처라테를 마시고 극찬했다.

매장의 분위기는 정갈하고 깔끔하다. 시그니처라테뿐 아니라 사이퍼니스트 국가대표 출신 신창호 바리스타의 사이펀 브루잉커피 역시 말할 수 없이 훌륭하다.

쿼츠커피 쿼츠라테

한국바리스타챔피언십과 브루어스컵챔피언십을 제패한 천재 바리스타 류연주의 쿼츠커피가 2021년 삼각지역 앞으로 매장을 이전해 용리단길의 대표적인 스페셜티 카페로 자리 잡았다. 쿼츠커피는 오래된 건물을 개조해 외관이 눈에 띄지는 않지만, 흰색과 파란색을 강조한 깔끔한 내부 공간이 돋보인다. 로스팅은 박민경 로스터, 추출은 류연주 바리스타가 담당하며, 에스프레소 머신은 라마르조꼬리네아,

그라인더는 향미가 좋은 커피에 잘 어울리는 로버를 사용하고 있다. 쿼츠의 블렌딩 커피는 중강배전한 인도, 콜롬비아, 에티오피아, 코스타리카 커피를 배합해 질감과 단맛을 강조했다.

쿼츠커피는 디폴트밸류와 함께 특별한 밀크커피의 양대 산맥으로 각광받고 있다. 쿼츠라테는 감칠맛이 좋은 커피와 특수가공한 우유를 조합했다. 이를 위해 쿼츠커피는 매장에 특수 기계를 설치해 하루 100잔 분량의 우유를 직접 가공하고 있다. 저온 가공을 통해 수분을 조금씩 줄여 유지방과 유당을 강화함으로써 우유의 입체감과 질감, 단맛이 상승했다.

쿼츠라테는 쌉싸름하고 진득한 질감의 커피와 압축률이 높은 우유의 달콤함과 질감이 치열하면서 냉정하다. 약간의 케인슈거 시럽을 첨가하는데, 단맛보다 농축 우유의 질감을 중화시키는 느낌에 가깝다. 아쉬운 점은 하루 100잔 분량으로 우유 가공의 한계가 있어 오후 시간에는 품절인 경우가 태반이라는 것.

마지막으로 언급할 것이 있다. 디폴트밸류나 쿼츠와 달리, 비공개 첨가물을 추가한 밀크커피를 홍보하는 업체들이 늘어나고 있다. 영업비밀 등은 존중하지만, 출처를 밝히지 않는 첨가물은 식중독이나 알레르기를 야기할 수 있어 조심스럽다.

NAMUSAIRO

느림의 미학, 브루잉커피

구글과 네이버, 유튜브에서 핸드드립을 검색하면, 현기증이 날 만큼 다양한 커피 이론과 개인적인 경험들이 수없이 회자되고 있다. 특히 핸드드립을 포함한 브루잉커피는 초보자와 홈바리스타들이 쉽게 도전할 수 있지만, 결과가 아쉬울 때가 많다. 스페셜티 커피 산업이 발전하면서, 커피의 품질뿐 아니라 브루잉 방식 역시 꾸준히 발전 중이다. 핸드드립, 브루잉커피 전문점들 중에서 한국 스페셜티 커피의 선구자 나무사이로커피, 새로운 브루잉커피 전문점 txt커피, 청명함의 극강 리이케를 강력하게 추천한다. 집에서 즐기는 핸드드립 커피도 좋지만, 가끔은 진짜 전문가의 커피도 즐겨보자.

나무사이로커피

나무사이로커피는 커피리브레, 엘카페와 함께 한국 스페셜티 커피를 초창기부터 빛내온 매장이다. 2002년 시작한 나무사이로는 2009년부터 스페셜티 커피를 소개했고, 한국에서는 처음으로 나인티플러스 커피 생두를 소개했다. 세계 최고의 커피를 공급하는 나인티플러스는 나무사이로와 협업 이후 세계적으로 크게 성공했다.

나무사이로의 대표적인 블렌딩은 '러브레터'다. 단맛, 산미, 밸런스에 초점을 맞춰 누구나 마시기에 좋고, 향미의 재현성이 훌륭하다. 러브레터 블렌딩의 구성은 장미 향이 아름다운 에티오피아 커피와 견과류같이 고소한 페루 디카페인 커피의 블렌딩이다. 페루 디카페인은 마운틴워터 디카페인 방식으로 가공해 친환경적이면서도 커피 향미를 놀라울 정도로 원형에 가깝게 유지하고 있다.

나무사이로의 러브레터 블렌딩은 2014년에 한국 최초로 미국 커피 리뷰 사이트(www.coffeereview.com)에서 92점을 얻었다. 한국 주재 외신 기자들 사이에서 유명하던 나무사이로는 커피 리뷰 사이트 등재 이후 한국의 스페셜티 커피를 세계적으로 알리는 데 크게 기여했다. 한국적인 분위기의 한옥에서 섬세하고 아름다운 커피를 취급하는 나무사이로가 한국을 대표하는 카페가 되었다는 점에서 의미가 깊다.

이외에 최근의 무산소 가공 열풍을 선도하는 과테말라 과콰나스 농장의 싱글오리진 커피가 인상적이었다. 특이하게, 커피에서 계피와 시트러스(감귤류)의 향미가 강렬했다. 시나몬 향은 핑크버번 품종을 무산소 가공하는 과정에서 명확하고 청명하게 표현되었고, 만다린 향은 커피의 가공 과정에서 감귤류의 껍질을 사용함으로써 도출되었다. 무산소 가공과 독특한 가향 방법은 최근 커피 업계의 커다란 화두다.

커피를 브루잉하는 방법으로, 나무사이로는 소량의 커피에 온수를 추가해 질감을 조절하는 바이패스 방식을 적극 이용한다. 청아한 느낌의 나무사이로 커피와 매우 자연스럽게 어울린다.

txt커피

창덕궁 주변 원서동 안쪽에 위치한 txt커피는 1인 바리스타 매장의 이상형에 가깝다. txt는 권희동미술관 바로 앞 창덕궁 후원 옆 북촌의 분위기에 녹아드는 매장이 아름다울뿐더러 컵오브엑셀런스와 베스트오브파나마에서 입상한 쟁쟁한 커피를 수시로 선보이고 있다.

txt의 대표 메뉴는 약배전한 원두를 내린 브루잉커피다. 향미가 뛰어난 커피를 선호하는 이수환 로스터는 열풍식 로스터인 기센의 W1을 통해 커피의 개성을 잘 발현했다. 슬레이어1그룹 에스프레소 머신이 있지만, 핸드드립 브루잉커피가 특별하다. 이수환 바리스타는 비다스테크에서 제작한 언더카운터 온수기 모아이를 통해 정온의 온수를 사용하고, 섬세한 커피를 정량 추출한다. 그라인더는 말코닉의 EK43. 수직 구조이지만, 플랫 그라인더의 절삭력으로 커피가 가진 향미와 단맛의 밸런스, 추출 수율 등을 증가시킨다.

txt에서 맛본 가장 인상 깊은 커피는 코스타리카 '돈카이토 COE #3'이었다. 코스타리카 컵오브엑설런스에서 3등을 수상한 이 커피는 복숭아를 연상시키는 과일 향과 장미 향이 주도적이고, 초콜릿과 같은 애프터까지 일품이다. 심지어 품종은 신의 커피로 알려진 게이샤. 가격이 부담스럽다는 점을 제외한다면, 인상적인 한 잔이었다. 또한 txt의 과테말라 과야보 커피도 훌륭했다. 아프리카 케냐의 품종을 과테말라 토양에서 재배해 케냐 커피의 DNA와 과테말라 고지대 화

산토의 테루아를 조합했다. 고지대 커피 특유의 산미가 풍부하면서 밸런스가 좋고, 단맛까지 인상적이다. 마이크로 로스터리 txt커피의 정교한 로스팅이 잘 발현되었다.

커피상점 리이케

2018년 2월, 성신여대 앞에서 시작한 '커피상점 리이케'는 과거 불모지와 같았던 서울 북동권의 대표적인 스페셜티 커피 매장이다. 리이케는 혜성처럼 등장해 길음동의 바스크와 함께 지역 커피 산업에 커다란 영향을 미쳤다. 매장의 위치는 성신여대 앞 핵심 상권에서 떨어진 2차선 도로 옆이다. 벽돌집 주택을 개조했는데, 채광이 좋은 내부가 북유럽 가정집의 거실처럼 정갈하다.

로스팅은 독일 프로밧 로스터를 사용하고, 컵오브엑설런스 상위권 커피나 파나마 게이샤 같은 고가의 섬세한 커피뿐만 아니라 누구나 편하게 즐길 수 있는 무난한 커피를 함께 준비하고 있다. 특이하게, 매장에 블렌딩 커피는 없고, 모든 커피는 시즌에 따라 준비하는 싱글오리진이다. 맛있고 다양한 커피를 항상 맛볼 수 있다는 점에서 추천하는 곳이다.

리이케는 에스프레소 머신이 없는, 브루잉과 핸드드립 커피 전용 매장이다. 가정의 아늑하고 정갈하고 깔끔한 거실 같은 매장에서 바리스타가 정성껏 내려주는 커피의 호사가 특별하다. 리이케는 패키지

.txt
007

나 태그 등을 통해 모든 커피를 색깔로 표현하는 방식이 매우 특이하다. 화려한 향미의 커피는 다채로운 색으로, 무난한 일상의 커피는 무채색을 사용함으로써 커피의 성향을 직관적으로 보여준다.

리이케에서 인상 깊은 커피는 르완다 마헴베였다. 갈색의 안정된 톤으로 표현한 태그처럼, 커피 본연의 향미뿐 아니라 안정적인 단맛과 밸런스가 인상적이었다. 특히 인삼의 사포닌과 같은 쌉쌀한 느낌과 전문가들의 선호하는 투명한 단맛까지 훌륭하게 조합되었다. 리이케의 브루잉은 22g의 원두를 사용해서 110ml의 커피를 추출하여 기호에 맞게 온수를 추가하는 바이패스 방식으로, 아름다운 커피가 더욱 청명하게 발현된다.

리이케의 정갈하고 아름다운 매장을 방문해보기를 추천한다. 먼지 하나 없이 청결한 매장과 깔끔하고 아름다운 커피의 조합이 극강이다. 정갈함이 과할 정도로 정성을 기울이는 리이케의 노고가 매장 곳곳에 청결함과 안정감으로 발화된다. 새삼스럽지만, 좋은 매장의 기본은 일상의 지겨움과 무기력함에 굴복하지 않는 끈기와 도전이다.

마지막으로, 홈카페 브루잉 방식으로 세계 대회 준우승에 빛나는 룰커피 정인성 바리스타의 2484 방식을 소개한다. 최대한 간단히 설명하면, 20g의 커피를 분쇄하여 뜨거운 물 40g을 부어준 뒤(불림), 1분 후에 물 80g, 2분 후에 40g을 부어 마감하는 방식이다. 얼음을 넣어 아이스커피로 마셔도 좋고, 100g의 온수를 추가해 따뜻한 커피로 마셔도 좋다. 온도계가 없을 때는 물 온도를 최대한 뜨겁게 사용할 것을 추천한다. 온수는 생각보다 빨리 식는데, 낮은 온도에서는 커피의 성분을 충분히 추출하기 어렵다. 정확한 계량, 온도, 시간이 뒷받침된 커피는 숙련된 바리스타의 커피만큼 맛있다.

부산 커피로드
: 부산은 어떻게 커피의 도시가 되었을까

부산역 승강장에 발을 내딛는 순간 소금기 묻은 바람이 코끝을 스친다. 계단을 따라 대합실로 향하면 별빛을 담은 것 같은 영도의 야경이 눈앞에 펼쳐진다. 역사 밖으로 나가다 모락모락 피어오르는 어묵가게의 김을 들이켜면, 마치 다른 세계에 온 듯한 기분이 든다. 부산역을 등지고 오른쪽에는 영도와 자갈치시장, 국제시장이 있고, 왼쪽으로 가면 전포동 카페 거리와 광안리, 해운대가 나온다.

볼거리, 먹거리, 마실거리가 넘치는 부산은 교통과 여행 콘텐츠의 발전을 등에 업고 손에 꼽히는 관광도시로 성장했다. 한국관광공사가 2015년부터 수집한 빅데이터로 만든 보고서에 따르면, 부산은 서울, 제주와 함께 소셜미디어에서 가장 많이 언급된 관광지다. 2004년 서울과 부산을 잇는 고속철도가 개통한 이래, 부산은 전국 어디에서든 당일치기 여행이 가능한 관광지가 되었다. 부산 도심과

김해공항을 연결하는 교통편도 개선되었는데, 2019년을 기준으로 공항을 통해 방한한 외국인 관광객은 인천공항(66.7%) 다음으로 김해공항(7.7%)을 이용했다.

여행의 도시가 된 부산은, 동시에 커피의 도시로도 성장해왔다. 쏟아지는 관광객의 이목을 집중시킬 수 있는 수단으로 카페가 주목을 받았기 때문이다. 잠재력과 가능성은 충분했다. 초량과 영도, 전포동 골목길에는 옛 모습을 간직한 건물들이 즐비했다. 세월이 고스란히 느껴지는 공간에 들어선 카페들은 순식간에 관광 명소가 될 수 있었다. 부산역 앞 1920년대에 지어진 병원 건물을 활용한 '브라운핸즈', 1940년대에 지어진 적산가옥을 개량한 '카페 초량 1941', 1950년대의 쌀 창고를 개조한 '노티스'가 대표적이다.

또, 부산항을 통해 다양한 문물을 적극적으로 받아들여온 역사가 새로운 문화에 빠르게 적응할 수 있게 만들었던 것도, 가장 적극적으로 커피를 소비하는 2030 인구가 다른 도시 대비 많은 것도, 부산 커피 문화 발달에 한몫했다. 2019년에는 월드바리스타 챔피언십에서 모모스커피의 전주연 바리스타가 한국인 최초로 우승 트로피를 들어 올렸다. 우승자는 미국의 커피 잡지 《바리스타매거진Barista Magazine》의 표지인물로 선정되는데, 광안리 바다를 배경으로 트로피를 들고 있는 전주연 바리스타의 모습 덕분에 부산은 세계적인 커피 도시로 발돋움하는 계기를 마련했다.

이제 부산은 커피의 도시라고 해도 부족함이 없다. 밀면과 돼지국

밥을 먹지 않아도, 광안리와 해운대에 다녀오지 않아도, 카페를 따라 부산을 한껏 즐길 수 있기 때문이다. 이미 전국적으로 이름을 알린 모모스와 블랙업, 전포동 터줏대감 에프엠커피, 떠오르는 스타 카페 베르크 등 부산을 대표하는 카페를 방문해보자. 개성 넘치는 소규모 카페도 많다. 부산대 앞 커피어웨이크, 문현동의 커피스페이스바, 전포동의 트레져스커피와 히떼로스터리 등이다.

모모스커피

2007년 이현기 대표가 부모님이 온천장역 인근에서 운영하던 음식점 창고에서 테이크아웃 전문점으로 문을 열었다. 이후 매년 조금씩 확장해가면서, 현재는 음식점 공간이었던 2층 규모의 건물 전체를 카페로 바꾸었다. 2009년부터는 본격적으로 스페셜티 커피를 취급하기 시작했고, 어느덧 부산을 대표하는 카페로 자리매김했다.

2019년에는 창업 멤버로 15년간 함께해온 전주연 바리스타가 모모스 소속으로 월드바리스타챔피언십에 출전해 한국인 최초로 우승했다. 2022년이 시작되면서 영도에 500평 규모의 매장을 열었는데, 스페셜티 커피를 대표하는 키워드인 추적가능성, 전문성, 지속가능성을 키워드로 생두 보관, 로스팅, 포장, 교육, 영업을 함께 담당하는 사무실과 카페 시설을 꾸렸다. 이 매장을 전초기지 삼아 부산 사람들은 물론이고 세계인의 사랑을 받는 카페가 되고 싶다는 목표를 세웠다고 한다. 온천장 본점과 영도점에서 모두 맛볼 수 있는 대표 메뉴는 1년의 절반 이상을 해외 산지에서 보내는 이현기 대표가 직접 선별해 공수해온 스페셜티 커피로 내리는 핸드드립 커피다.

블랙업커피

2007년 시작한 블랙업커피는 모모스커피와 함께 부산 스페셜티 커피 업계의 발전을 견인해왔다. 부산, 울산, 경남 지역에 매장을 꾸준히 늘리며, 부산뿐만 아니라 한국을 대표하는 스페셜티 커피 회사로 발전했다. 블랙업의 대표 매장은 서면 커피 산업의 원조 1호점과 해운대 엘시티 98층 전망대에 위치한 커피 바. 엘시티 전망대 매장은 세계에서 가장 높은 곳에 위치한 스페셜티 커피 매장이다.

추천 커피는 네로 블렌딩 아메리카노와 싱글오리진 핸드드립 커피다. 블랙업을 대표하는 네로 블렌딩은 향미와 단맛의 비율과 밸런스가 좋아, 아메리카노로 마셨을 때 더욱 빛난다. 특별한 브루잉 커피 잔으로 제공하는 싱글오리진 핸드드립 커피들은 향미, 질감, 밸런스와 같은 특징을 선명하게 표현한다. 이외의 인기 메뉴는 블랙커피와 생크림, 적절한 가염이 첨가된 '해수염 커피'다. 강렬한 커피의 질감과 달콤한 크림, 소금이 잘 조화되어 단짠과 향미의 비율이 좋다. 매장의 분위기가 깔끔하고 청결하며, 날씨, 분위기, 시간에 따라 큐레이션한 음악이 공간과 잘 어울린다.

Cold Brew
OPENING HOURS
OPEN
LAST ORDER
CLOSE
MENU

BLACKUP COFFEE

WERK

BLACKUP COFFEE

에프엠커피

2000년대 초반부터 부산 지역 카페에 꾸준히 원두를 납품하며 이름을 알린 강무성 로스터가 2008년 전포동에 오픈한 카페. 정석Field Manual이라는 이름답게, 빼어난 커피 맛으로 애호가들의 입맛을 사로잡았다. 2020년에는 전포동 외곽에 로스터리를 겸하는 2호점을 열었다. 매년 코스타리카, 파나마 등의 해외 산지에서 직접 커피를 골라와 판매하는데, 최근에는 허브 발효 등 실험적인 방식으로 가공한 커피도 소개하고 있다. 낯선 방식으로 가공한 커피라도 특유의 안정적인 로스팅으로 편안하게 고유의 개성을 전달한다. 계절에 따라 최상의 컨디션으로 제공되는 스페셜티 커피 외에도, 강하게 볶아 진한 초콜릿 같은 단맛이 인상적인 다크블렌딩으로 만든 라테와 아메리카노도 매력적이다. 콜드브루를 활용한 메뉴 '투모로우'와 보성 녹차로 만든 '전포숲'은 카페를 찾는 이들이 꼭 한 번씩 마셔보는 음료다.

베르크로스터스

부산 출신의 젊은 바리스타와 로스터들이 합심해 시작한 카페다. 국가대표 바리스타 선발전 심사위원을 지낸 로스터 박현동과 브랜딩을 담당하는 바리스타 송찬희가 모모스커피에서 함께 근무한 인연으로 창업의 기반을 마련했다. 이후 재무와 운영을 담당하는 바리스타 김석봉과 인테리어와 시공 등을 관리하는 바리스타 이상용이 합류해 '긍정적인 삶의 변화'를 모토로 베르크 팀을 만들었다.

2018년 5월 전포동 주택가에 오픈했는데, 여느 카페들과 달리 1층에 사무실과 로스터리를 두고 지하에서 주문을 받고 커피를 제조했다. 2층은 커피를 마시는 공간으로, 베르크 팀이 전국을 돌며 수집한 의자와 은은한 간접조명으로 독특한 분위기를 만들었다. 베르크는 오픈 이래 각종 커피 행사에 꾸준히 초청받는 등 확고한 브랜드 전략을 수립해 많은 이들의 관심을 모았다. 2021년에는 사상구에 별도의 로스팅 시설을 마련했고, 2022년에는 커피 제조 공간을 1층으로 옮기며 매장을 리뉴얼했다. 대표 메뉴는 시그니처 블렌드인 '베이비'로 만든 베이비 라테와 계절에 따라 꾸준히 바뀌는 싱글오리진 브루잉커피다.

히떼로스터리

정효재 로스터가 동갑내기 아내인 최희윤 바리스타와 함께 운영하는 로스팅 전문 매장. 2013년 양산에 처음 문을 열었다가 더 많은 커피를 경험하고자 카페 문을 닫고 호주와 북유럽 등으로 커피 여행을 다녀왔다. 이후 2018년, 북유럽 스페셜티 카페들을 중심으로 퍼진 '노르딕 로스팅'에 영감을 받아 남천동에 로스터리 카페를 열었다. 원두가 옅은 황색이 날 만큼만 약하게 볶는 '노르딕 로스팅'은 강하게 볶은 커피보다 산미가 높으며 밝고 선명한 꽃향기, 과일 향을 느낄 수 있는 장점을 가지고 있다. 히떼의 '스탑오버'는 노르딕 로스팅 스타일을 잘 반영한 블렌드로, 부드러운 산미와 향긋한 꽃향기가 매력적이다. 2019년 10월부터 카페 운영을 중단했다가 2021년 9월 전포동에 다시 매장을 열었다. 예전 매장과 비슷하게 초록색 로고가 그려진 작은 간판을 달고 2층에 자리 잡았는데, 입소문을 타고 찾아온 커피 애호가들과 관광객들로 매장이 늘 북적인다.

커피스페이스바

말 그대로 키보드의 스페이스 바를 닮은 건물에 자리 잡은 카페. 오랫동안 부산 지역 카페에서 바리스타이자 로스터로 실력을 쌓은 김태완 대표가 2017년 문을 열었다. 인앤빈, 베르크로스터스, 히떼로스터리 등 부산을 대표하는 스페셜티 로스터리의 커피를 소개하는 일종의 편집숍. 2020년 5월에는 남천동에 플래그십 매장 CSB Coffee Space Bar 라운지를 오픈했다. 라운지는 넓고 쾌적한 공간을 제공하며, 지하에서는 젊은 예술가들과 협업해 전시회를 열고 있다.

커피스페이스바에서는 걸쭉하고 부드러운 맛이 일품인 핫초코가, CSB 라운지에서는 차와 과일음료를 칵테일처럼 섞어낸 믹솔로지 티가 시그니처 메뉴다. 저녁에는 칵테일 메뉴도 판매하는데, 비피터진, 십스미스 런던드라이진, 벨에어진 등을 베이스로 하고 매장에서 직

HYTTE
ROASTERY

FIND YOUR TREASURE

접 제작한 가니시를 첨가해 만든 다양한 진토닉을 즐길 수 있다.

트레져스커피

좀처럼 보기 힘든 다양한 품종, 원산지, 가공 방식의 스페셜티 커피를 꾸준하게 선보이는 곳. 그야말로 보석 같은 커피를 원 없이 즐길 수 있는 카페로, 항상 7~8개 종류의 부티크 커피 라인업을 유지하고 있다. 박주환 바리스타가 2016년 수영구에 문을 열었다가 1년 반 만에 영업을 종료했는데, 전포동으로 자리를 옮겨 2019년에 재오픈했다. 이후 2021년에 2층 규모의 공간으로 다시 자리를 옮겼다. 좋은 커피를 합리적인 가격에 선보여 오픈 초기부터 부산 지역 커피 애호가들의 입맛을 사로잡아왔는데, 매장은 늘 한 잔 이상의 커피를 마시는 헤비드링커들로 인산인해를 이룬다.

커피어웨이크

2012년 5월 로스터이자 바리스타인 김지용 대표가 부산대 앞에 연 카페. 커피가 단순히 쓴맛을 가진 음료라는 편견을 깨기 위해 좋은 재료를 엄선해 최선의 추출로 커피를 제공하고자 한다. 초창기에는 여러 스페셜티 커피 매장의 원두를 매입해 판매하는 편집숍 형태를 띠었다. 이후 매장을 찾는 이들이 늘어나자 로스팅 공장을 마련하고 직접 커피를 볶기 시작했다. 두 종류의 블렌드와 매주 바뀌는 싱글오리진 커피로 에스프레소 음료와 다양한 종류의 브루잉커피를 제공하고 있으며, 직접 로스팅한 원두를 판매한다.

블루보틀이 아닌 성수 커피

성수동, 뚝섬, 서울숲 주변을 포함한 성수권이 매우 뜨겁다. 성수 지역 스페셜티 커피 산업의 성장은 한국 블루보틀 1호점과 밀접하게 연결되어 있다. 블루보틀 입점 초기에는 초대형 외국 매장이라는 점에서 만만치 않은 반대가 있었지만, 결과적으로 블루보틀 이후 성수 지역의 스페셜티 커피 산업이 대중적으로 널리 알려졌다. 일본의 경우에도 블루보틀 1호점이 크게 성공한 후 주변 기요스미 지역의 어라이즈커피, 크림오브크롭 등의 스페셜티 커피 업체들이 성장했다. 특히 일본 블루보틀 1호점 정문에서 100미터 전방의 어라이즈커피는 도쿄 커피 애호가들의 새로운 성지로 떠올랐고, 블루보틀 바리스타들의 단골 커피 매장으로 커피인들 사이에서 화제가 되었다.

한국 역시 블루보틀이 오픈한 후, 가장 가까운 곳에 위치한 메쉬커피, 센터커피의 매출이 크게 증가했고, 로우키, 피어와 같은 지역 커피 업체들과 함께 균형 있는 발전이 시작되었다. 다양한 업체들이 서로 공존하고 상승하는 문화가 더욱 정착되기를 희망한다.

센터커피

센터커피의 박상호 바리스타는 영국 스페셜티 커피 업계에서 전설적인 인물이다. 2012년 영국바리스타챔피언십 런던 1위, 2013년 브루어스컵 영국 대표 및 세계 대회 4위, 2014년 커피인굿스피릿 영국 대표 및 세계 대회 6위를 기록했고, 영국 최고의 스페셜티 커피 회사 스퀘어마일커피에서 수석 로스터로 근무했다.

세계적인 커피 전문가 박상호 바리스타는 2017년 귀국하여 한류 스타의 원조인 배우 배용준과 동업해 센터커피를 창업했다. 센터커피의 로스팅과 커피 바의 운영은 박상호 바리스타 겸 로스터가 전담하고 있다.

센터커피는 오픈과 동시에 메쉬커피와 함께 서울숲의 대표적인 스페셜티 커피 매장으로 성장했다. 센터커피는 서울숲 이외에도 명동점을 오픈했고, 이어 2021년에는 롯데백화점 본점 안에 스위스 시계 회사 IWC와 공동으로 빅파일럿바를 오픈, 2022년 서울역사 4층에 새롭게 매장을 열었다.

센터커피의 추천 커피는 아이스 브레이커 블렌딩, 넘버세븐 드립백, 화려한 싱글오리진 커피다. 센터커피를 대표하는 블렌딩 '아이스 브레이커'는 바닐라와 같은 단맛과 여운 있는 후미, 클린컵과 깔끔함이 돋보이는 편안한 커피를 지향한다. 넘버세븐 드립백은 두 종류의 블렌딩, 에티오피아·콜롬비아·브라질의 싱글오리진 커피와 센터커피를 빛내는 게이샤 커피로 구성되어 있다. 싱글오리진 커피는 과테말라 산타펠리사 농장의 게이샤, 콜롬비아 세로아줄 농장의 게이샤, 과테말라 인헤르토 농장의 레전더리 게이샤와 같은 중남미 최고 농장의 게이샤 컬렉션이 유명하다.

박상호 로스터는 게이샤 커피의 아름다운 향미, 특히 클린컵과 우아한 피니시를 잘 표현한다. 블렌딩 커피도 훌륭하지만, 센터커피의 게이샤 커피를 꼭 마셔볼 것을 추천한다. 센터커피는 한국에서 가장 많은 양의 게이샤 커피(연간 72톤가량)를 로스팅하고 있다. 매장의 브루잉커피는 클레버 드리퍼를 이용한 침지 방식으로, 단맛이 더욱 깊다.

로우키커피

독립 커피의 어머니 로우키커피가 남양주를 거쳐 성수동 연무장길과 헤이그라운드에 자리를 잡았다. 로우키Low Key는 저조도의 차분한 사진에서 시작된 용어로, 차분하고 눈에 띄지 않는 사람들을 의미한다. 커피에 집중하며 대외적인 활동을 최대한 자제하던 스페셜티 커피 산업 초반 서울 동부권의 맹주 커피점빵이 로우키커피로 브랜딩을 교체했다. 컵오브엑설런스 심사관으로 오랜 시간 활동하고 있는 조제인 대표는 외부 활동에 전념하고, 노찬영 대표가 매장 운영과 로스팅, 커피 품질을 담당하고 있다. 로우키는 바리스타들이 사랑하는 커피 매장으로 유명하다. 노찬영, 조제인의 커핑 수업은 커피

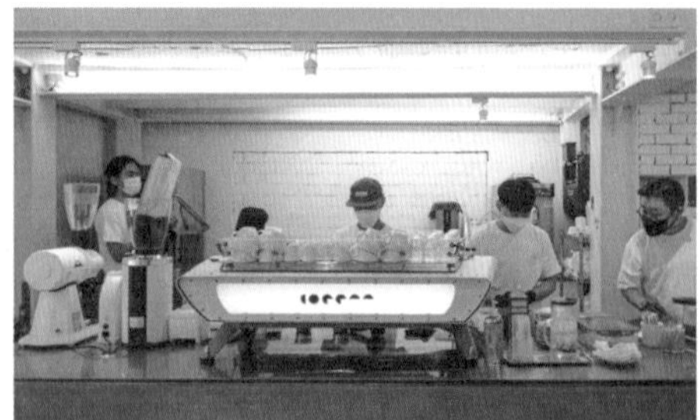

10TH ANNIVERSARY
2010
lowkey

low key

인들과 현업 바리스타들이 가장 선호하는 전문가 과정이다.

로우키의 대표 커피는 다양한 블렌딩이다. 커피인들은 이 중에서도 '샴페인' 블렌딩을 선호하는데, 커피 본연의 화려한 향미가 아름답다. 매장에서는 샴페인 잔에 담아 제공하는데, 커피의 향미와 부케가 한가득이다. 개인적으로는 샴페인 블렌딩을 강하게 볶은 '다크문' 블렌딩을 추천한다. 어둠을 뚫고 나온 한줄기 빛처럼 선명한 커피 향미가 강배전 커피 특유의 고소하고 강력한 단맛과 함께 임팩트 있게 어울린다.

싱글오리진 중에서는 예멘 하산 아나로빅 커피가 인상적이었다. 사라져가는 산지 예멘의 커피는 열대과일의 뉘앙스, 단맛과 산미가 복합적으로 어울리는 느낌의 와인 풍미, 멜론과 정향을 연상시키는 스파이스 향이 가득했다. 예멘 커피 특유의 강렬한 스파이스 향이 부담스러울 수 있지만, 명확한 개성이 돋보인다.

로우키는 커피점빵 본점, 로우키 남양주 1호점, 성수동 연무장길에 이어 헤이그라운드 로비 1층에 매장을 오픈했다. 서울 동부 지역의 스페셜티 커피 거목 로우키의 모든 매장이 훌륭하지만, 연무장길 지하의 숨겨진 매장이 특히 아름답다.

피어커피

한남동 터줏대감이었던 피어커피가 2019년 성수역 북쪽 지역으로 이전했다. 성수역 남쪽 지역과 서울숲 주변은 이미 카페와 다양한 상업 시설이 들어서 있지만, 1번 출구 쪽 성수 북쪽 지역에는 1990년대에 멈춘 듯한 공간들이 잘 간직되어 있다.

피어커피에서는 다양한 종류의 스페셜티 커피를 맛볼 수 있다. 기존의 블렌딩 라인업이 단단하게 개성을 표현하지만, 수시로 소개하는 다양한 싱글오리진 커피를 마셔보는 재미가 쏠쏠하다. 특히, 매달 한 번씩 소개하는 피어커피의 에디션 박스 싱글오리진 커피가 재밌다. 바리스타들도 잘 모르던 커피 품종 원종 시리즈, 세계 최고가격 커피 게이샤 시리즈, 파나마 게이샤 시리즈, 컵오브엑설런스 옥션커피 시리즈 등등 커피 전문가들뿐 아니라 애호가들 모두 사랑하는 다양한 커피를 소개하고 있다.

피어의 대표적인 블렌딩은 '다이아나'와 7주년 특별 블렌딩 '루이지'다. 다이아나는 빨강머리 앤의 평생 친구, 루이지는 슈퍼마리오의 친구(Peer는 친구를 의미한다)다. 다이아나 블렌딩은 에티오피아 커피를 베이스로 생생한 딸기 향이 인상적이고, 루이지 블렌딩은 2016년 김사홍 챔피언이 월드바리스타챔피언십에서 시연한 코스타리카 에르바주 내추럴 커피와 콜롬비아 에스페란자 세로아줄 게이샤를 블렌딩해 설탕에 조린 과일 같은 단맛, 자몽과 파파야 같은 여운 있는 과일 향이 아름답게 어울렸다. 이외에도 엘카미노 블렌딩은 고소하고 단맛이 좋아 아메리카노, 카페라테 모두 훌륭했다.

피어커피는 바리스타, 로스터, 디자이너가 협업하는 회사로, 커피 추출, 로스팅, 전문적인 디자인까지 지향점이 명확하다. 2호점 광희문(광화문이 아니다) 주변 매장 역시 매우 아름답다. 훌륭한 커피와 깔끔한 디자인, 분위기 있는 매장과 더불어, 항상 밝고 활기차고 친절한 바리스타의 모습이 인상적이다.

이외의 성수 지역 커피 매장으로 센서리 전문가 송인영의 '기미사', '커피찾는남자' 위국명의 로스팅 룸도 커피인들이 추천하는 장소다.

강남에서도
스페셜티 커피를

왜 강남에서는 스페셜티 커피를 찾기 어려울까? 오랫동안 반복돼온 질문이다. 리브레 강남, 프릳츠 양재, 펠트 도산공원과 같은 대형 스페셜티 커피 회사의 지점을 제외하면, 순수하게 강남 지역을 기반으로 활동하는 스페셜티 커피 업체를 찾기가 참 힘들다. 아무래도 강남권의 극강 임대료와 제반 비용 등이 가장 커다란 걸림돌이겠지만, 안정적인 단골 소비자, 문화권의 차이 같은 여러 가지 변수로 인해 강남권 스페셜티 커피 업체들의 고민이 만만치 않다. 그런 의미에서 도산공원의 펠트커피, 가로수길의 그레이그리스트밀커피, 역삼동의 502커피, 성내동의 커피몽타주가 빛을 발한다.

펠트커피 도산공원

패션브랜드 준지와 협업하는 펠트커피 도산공원점은 압구정, 도산공원 지역의 대표적인 스페셜티 커피 매장이다. 사각뿔을 연상시키는 펠트커피 도산공원의 강렬한 외부와 블랙을 테마로 일상의 소재를 차분하게 표현한 내부는 디자인 측면에서도 크게 화제가 되었다. 특히, 공중 부양한 커다란 나무가 있는 차분하면서 파격적인 일본식 정원은 패션 브랜드와 스페셜티 커피의 정체성을 섬세하게 드러낸다.

펠트커피 도산공원의 에스프레소 머신은 챔피언들이 사랑하는 라마르조꼬 FB80 모델이다. 라마르조꼬 80주년을 맞이해 피렌체에서 특별 제작한 FB80은 듀얼 보일러로 온도 안정성이 뛰어날 뿐 아니라 아름다운 외관이 매력적이다. 그라인더는 향미와 단맛을 골고루 발현하는 매저를 세팅했다. 펠트커피 도산공원은 단맛이 훌륭한 기본 블렌딩, 커피의 향미를 발현시키는 시즈널 블렌딩 외에, '준지' 특별 강배전 블렌딩을 선보이고 있다. 브루드 커피(브루잉커피)는 말코닉의 EK43 그라인더로 분쇄하여 미관이 유려한 킨토 드리퍼로 내린다. 내열 유리 회사에서 시작한 킨토의 드리퍼는 미려한 디자인과 함께 물 빠짐이 원활해 깔끔하고 우아한 커피를 내리는 데 적합하다.

추천 커피는 플랫화이트, 아포가토, 싱글오리진 브루드 커피다. 펠트커피 도산공원의 플랫화이트는 강배전 준지 블렌딩을 기본으로,

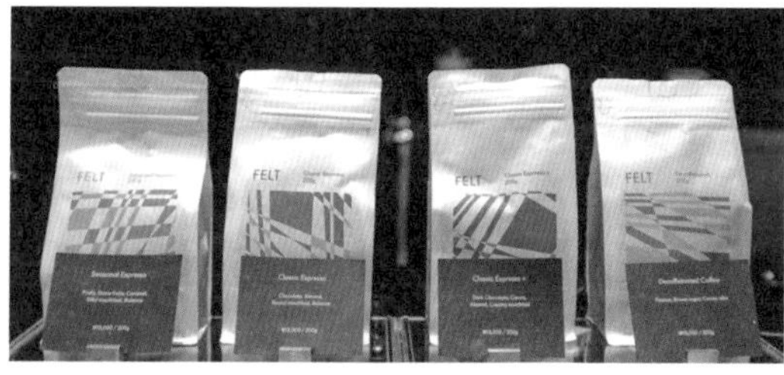
FELT
FELT
FELT
FELT

더블 샷의 에스프레소에 소량의 우유가 첨가된다. 오스트레일리아에서 시작한 플랫화이트는 한국에서 아이스커피로도 인기가 많다. 한국 최고 수제 아이스크림 펠앤콜을 사용한 아포가토는 쌉싸름한 에스프레소와 진득한 모카 아이스크림의 궁합이 훌륭하다. 펠트커피와 직거래하는 코스타리카의 스페셜티 커피 농장 에르바주의 브루드 커피는 선명한 자두 향과 카카오닙스를 연상시키는 질감이 아름답다. 펠트의 아메리카노는 강렬한 질감을 강조하고, 브루드 커피는 화려한 향미를 섬세하게 표현한다.

그레이그리스트밀커피

2017년 가로수길에서 시작한 그레이그리스트밀 커피는 현재 강남권 스페셜티 커피를 견인하고 있는 업체다. 그레이그리스트밀의 모회사는 컨설팅, 교육, 유통 등이 활발한 안드레아플러스이고, 운영은 2017년 한국 바리스타 챔피언 방준배 씨가 담당하고 있다. 그레이그리스트밀은 편안하고 모던한 이미지가 공존하는 회색 공간에서 커피를 볶는 방앗간이라는 의미로, 차분하고 안정적인 분위기에서 전문적인 스페셜티 커피를 지향한다.

매장은 두 개의 에스프레소 머신과 브루잉커피 바로 구성되어 있다. 그레이그리스트밀의 추천 커피는 드링크업 블렌딩과 웨이크업 블렌딩 그리고 다양한 싱글오리진 커피다. 소용량(한 잔 분량)으로 포

클린존
GRAY
GRISTMILL
GRAY
GRAY

장한 다양한 종류의 커피를 커피 바에서 즉석으로 마실 수 있는 큐레이션 커피 매장 형식을 취하고 있다. 드링크업 블렌딩은 브라질·콜롬비아·에티오피아·인도 커피로 구성된 중강배전 블렌딩으로, 묵직한 바디감과 카카오의 쌉싸름한 여운이 인상적인 데일리 커피다. 웨이크업 블렌딩은 산미를 좋아하는 애호가를 위한 블렌딩으로, 너츠와 바닐라 초콜릿의 단맛과 클린한 애프터가 인상적이다.

싱글오리진의 종류가 많지만, 에콰도르 라파파야 농장의 티피카 메호라도 커피가 인상적이었다. 방준배 로스터가 선호하는 수세식으로 가공한 티피카 품종의 청량함이 강렬하고, 아카시아, 애플망고를 연상시키는 열대과일의 아로마가 화려하다. 그레이그리스트밀의 모든 드립백은 꼼꼼하게 진공 포장되어 있어 오랫동안 커피의 향미가 살아 있다. 그레이그리스트밀의 드립백 중에 파나마 새비지 옥션 게이샤 커피 드립백을 강력하게 추천한다. 파나마 데보라 농장의 스페셜 옥션 게이샤 커피를 사용한 드립백 커피가 극강이다.

502커피

2009년 구로 디지털단지에서 테이크아웃 매장과 공방으로 시작한 502커피가 2019년 역삼동으로 매장을 이전해 그레이그리스트밀과 함께 강남을 상징하는 스페셜티 커피 매장으로 자리를 잡았다. 502커피는 로스팅 전문 업체로, 2016년에 소속 로스터 이동호 씨가 한국컵테이스터스에서 우승, 세계 대회에서 준우승을 기록한 바 있다. 현재는 한국 큐그레이더의 원조 중 한 명인 이현정 팀장과 김상중 로스터가 품질을 담당하고 있다.

502커피의 특징은 다양한 블렌딩이다. 밝은 산미를 표현하는 '램블', 단맛을 강조하는 '딥씨', 대중적인 '클래식' 이외에도 '공단향' 블렌딩이 인기가 많다. 공단향은 '구로공단의 향기'라는 의미로, 강배전 특유의 쌉사름한 맛을 기준으로 커피 본연의 단맛과 미묘한 향미까지 균형 있게 표현하고 있다. 에스프레소 블렌딩이지만, 핸드드립을 포함한 브루잉커피로 마셔도 훌륭하다. 502커피의 강점은 화려한 향미를 표현하면서 깔끔하고 우아한 애프터와 단맛이다.

싱글오리진 커피들도 본연의 개성과 함께 우아한 애프터와 단맛이 느껴진다. 싱글오리진 커피 중에서는 콜롬비아 엘파라이소 농장의 커피가 인상적이었다. 무산소 가공한 엘파라이소 커피의 화려한 향미가 차분한 로스팅을 통해 후미와 균형감이 훌륭한 커피로 표현되었다.

역삼역 주변 아크플레이스에 위치한 502커피 매장의 분위기는 차분하고, 바리스타는 커피 실력만큼 친절하고 정성스럽다. 바리스타의 친절한 환대는 모모스커피, 피어커피와 함께 국내 최고다. 또한 영국 크래프트 밀가루를 수입해 직접 만드는 스콘과 클로티드크림 세트의 인기도 매우 높다.

ECUADOR

coffee montage

커피몽타주

커피몽타주는 강동 지역을 상징하는 스페셜티 커피 업체다. 2013년 시작한 커피몽타주의 역사는 커피리브레, 엘카페, 나무사이로와 같은 1세대 업체들과 나란히 할 뿐만 아니라, 프릳츠, 펠트, 부산의 베르크와 같은 후발 업체들에게 좋은 귀감이 되었다. 2019년 소속 직원이었던 정형용 바리스타가 한국 브루잉커피 챔피언이 되었고, 커피 품질과 로스팅을 담당하는 신재웅 대표와 이현석 로스터가 아시아 최고 권위 인도 아라쿠 커피 경진대회 심사관으로 2회 연속 초청받았다. 정형용 바리스타는 이후 독립해 부산에서 코스피어커피를 운영하고 있다.

몽타주 매장의 위치는 성내동 강동구청 앞이다. 초기에는 매장과 로스팅 공장을 겸했지만, 몇 년 전에 로스팅 공장을 하남으로 이전했다. 몽타주는 손꼽히는 로스터리로, 납품 물량이 전국적으로 손꼽힐 만큼 많다. 공장 이전 후에도 성내동 매장은 활발하게 운영 중이다. 매장 분위기는 차분하고 바리스타들이 작업하는 커피 바가 중간에 위치하고 있어, 커피를 추출하는 모습을 차분히 살펴볼 수 있다.

대표적인 커피는 '비터스윗 라이프' 블렌딩. 전통적인 이탈리안 에스프레소처럼 진득한 질감과 단맛, 산미가 안정적으로 표현되었다. 화사한 에티오피아 커피의 향미, 수세식으로 가공한 콜롬비아 커피의 깔끔한 산미가 인도 커피의 강력한 질감과 입체적으로 조합되었다. 산미와 향미를 균형 있게 배분한 '센스앤센서빌리티' 블렌딩도 인기가 많다.

매장의 추천 메뉴는 에스프레소와 브루잉커피다. 김사홍 게스트 바리스타와 함께 추출 세팅에 변화를 준 후 에스프레소가 더욱 깔끔해지고 단맛이 좋아졌다. 에스프레소를 주문할 때 블렌딩을 선택할 수 있는데, 진득한 비터스윗 라이프 블렌딩 에스프레소는 대중적이고, 센스앤센서빌리티 블렌딩 에스프레소는 밝고 아름다운 향미가 잘 표현된다. 싱글오리진 브루잉커피는 시즌별로 꾸준히 바뀌고 있다. 인도 아라쿠 셀렉션 커피도 훌륭하고, 최근에는 파나마 웅고로 옥션에서 2위에 오른 아카시아 힐스 커피의 재스민과 복숭아, 레몬그라스와 같은 향미가 인상적이었다.

제주는 원래
커피의 섬이다

한국 스페셜티 커피 산업의 폭발적인 발전에도 불구하고, 한동안 제주 지역의 스페셜티 커피는 상대적으로 성장이 더뎠다. 특히 일부 관광지에 위치한 카페의 경우, 비싼 가격과 조망에 비해 커피가 아쉬운 곳이 매우 많았는데, 최근 들어 제주 지역 커피 산업은 커피템플에서 시작해 전통의 테라로사커피, 서귀포의 비브레이브커피, 구도심의 픽스커피, 신도심의 그러므로커피까지, 서로 개성을 뽐내며 급속하게 성장 중이다.

블루보틀 제주

서울 성수동에서 시작한 블루보틀이 2년 만에 제주 구좌읍 송당리에 새로운 매장을 오픈했다. 블루보틀 제주 매장은 소나무와 사당이 많아 송당이라고 불리는 한라산 동쪽 구릉 지역의 아름다운 풍광을 배경으로 자리 잡았는데, 멋드러진 소나무가 장관인 곳에 코사이어티 제주, 제주맥주와 나란히 위치하고 있다.

매장 내부는 넓고 쾌적하다. 꼼꼼한 검역 절차를 통과해 입장하면 밝고 활기찬 직원들이 손님들을 반갑게 맞이한다. 블루보틀 제주의 추천 커피는 제주 블렌딩 드립커피다. 과일 향이 선명한 콜롬비아 커피, 에티오피아 커피와 르완다 커피의 달콤함이 잘 버무려진 블렌드다. 천혜향 과육의 질감을 형상화했다는 표현에 고개가 끄덕여진다. 커피 특징에 따라 가볍게 향미를 강조한 추출 역시 훌륭하다. 커피와 함께 즐길 수 있는 디저트도 훌륭한데, 제주 애월 지역의 유명한 디저트 카페 우무와 협업한 제주 우뭇가사리 푸딩을 추천한다. 방부제나 보존제 없이 제작한 수제 푸딩이다.

블루보틀 제주는 제주 플로리스트 로맨티카 플라워, 업사이클 업

DALLA CORTE
DALLA CORTE

체 플리츠마마와 협업하며, 제주 해안에 떠도는 유리조각들을 수거해 매장의 바닥재로 활용했다. 커피뿐만 아니라 지역, 환경에 대해 고민하는 모습이 인상 깊었다.

커피템플

자타가 공인하는 한국 최고 바리스타 김사홍 대표의 커피템플이 한라산 중산간에 위치한 중선 농원으로 매장을 완전히 이전했다. 중선 농원은 커피템플을 비롯해 도서관, 갤러리까지 포함하는 제주 최고의 종합 예술 공간이다. 갑작스러운 커피템플의 제주 이전에 많은 이들이 고개를 갸웃거렸지만 안정적으로 자리를 잡았고, 이제는 제주를 찾는 커피 애호가들이 최고로 손꼽는 장소가 되었다.

커피템플의 대표 커피는 슈퍼클린 에스프레소로, 김사홍 바리스타가 2016년 한국 바리스타 챔피언이 될 때 사용한 메뉴다. 커피를 분쇄하는 과정에서 집진 기능이 있는 특수 기기를 사용해, 에스프레소의 청명함과 깔끔함이 극강이다. 한국 최고 에스프레소 전문가 김사홍 바리스타의 경험이 한 잔의 커피에 섬세하게 녹아 있다. 또 다른 추천 메뉴는 탠저린 카푸치노와 유자 아메리카노다. 탠저린 카푸치노는 과일을 연상시키는 커피의 산미가 탠저린을 형상화한 특수 제작 시럽과 어울려 환상적이고, 유자 아메리카노는 유자와 아메리카노의 상상하기 힘든 궁합을 완벽하게 구현했다.

김사홍 바리스타의 완벽한 에스프레소 및 창작 메뉴와 함께, 성실함과 진심으로 손님들을 환대하는 모습은 커피 산업 전반에 큰 영향을 끼쳤다. 전국을 순회하는 게스트 바리스타 활동으로 김사홍 대표가 매장에 없을 때가 많지만, 매장의 바리스타들도 한국 최고 바리스타의 성실함과 실력, 환대를 고스란히 닮았다.

테라로사 서귀포

한국을 대표하는 스페셜티 커피 업체 테라로사가 서귀포 올레길에서 멀지 않은 곳에 매장을 열었다. 테라로사 서귀포는 쾌적하고 시원한 공간, 커피와 빵이 자연스럽게 어울린다. 매장이 넓고 쾌적해서 커피와 빵을 함께하면서 공간을 즐기기에 좋다. 귤 농장을 개조한 매장에서 바라보는 제주 특유의 조망도 아련하다.

대표 메뉴는 핸드드립 커피와 아메리카노다. 커피 자체의 개성은 강하지 않지만, 보편적인 향미와 밸런스가 매우 훌륭하다. 추천 커피는 여름 블렌딩 핸드드립 커피다. 테라로사 기본 블렌딩의 향미, 단맛, 후미의 밸런스가 좋다. 아메리카노는 향미보다 단맛이 강하고 질감이 인상적이었다.

테라로사 제주 매장의 분위기가 따뜻하고 안정적이어서 다양한 커피와 빵을 계속해서 추가해 마시고 먹게 되는 단점(?)이 있다. 오전 9시에 매장을 오픈해 편안하게 여행지에서 아침 커피를 즐길 수 있다.

비브레이브커피

비브레이브커피는 서귀포 최고의 스페셜티 커피 매장이다. 비브레이브는 서울의 커피그래피티와 함께 한국에서 가장 특별한 커피를 선보이는 곳으로 손꼽힌다. 세계 최고가 커피 파나마 데보라 농장의 게이샤와 컵오브엑설런스에서 상위권에 오른 커피들이 인상적이었다. 매장은 서귀포 신도심의 서호점과 혁신도시점이 있다. 서호점은 조금 규모가 작고, 혁신도시점이 다양한 커피를 선보이고 있다. 제주 이외에, 최근 부산과 천안에 매장을 확대했다.

비브레이브의 추천 커피는 신의 커피로 불리는 파나마 보케테 지역 에스메랄다 농장의 게이샤 필터커피다. 장미 향과 자몽의 선명한 산미가 인상적이고, 애프터의 깔끔함과 단맛까지 압도적이다. 이외에도 파나마 아부 농장의 게이샤 커피도 인상적이었다. 아메리카노는 블렌딩 커피를 기준으로 하는데, 약간의 추가 요금을 내면 파나마 게이샤 싱글오리진 아메리카노도 가능하다. 기본적인 블렌딩 커피는 독일 프로밧 로스터를 사용해 단맛이 깊고, 싱글오리진 커피들은 한국의 스타트업 스트롱홀드에서 제작한 로스터를 사용해 과일, 꽃과 같은 향기가 아름답게 피어오른다.

픽스커피

픽스커피는 제주의 구시가를 상징하는 스페셜티 커피 매장이다. 정태승, 안희진 바리스타가 서울의 커피 회사를 퇴사하고 제주로 귀향해 2016년 5월 오픈했다. 아라이동의 1호점과 최근 오픈한 공단 지역의 2호점이 있는데, 공단점이 규모가 훨씬 크고 커피의 종류도 다양하다.

대표 커피는 에스프레소와 브루잉커피 그리고 창작 메뉴. 모든 메뉴가 품질이 우수하고 개성 있다. 기본 에스프레소와 아메리카노는 커피리브레에서 특별히 맞춤 로스팅한 '구제주' 블렌딩을 사용한다. 구제주 블렌딩은 제주의 구시가를 상징화한 강배전 로스팅이다. 커피 원두의 외관으로 기름이 좔좔 흐를 정도로 강하게 볶았는데, 커피 본연의 단맛이 강력해서 아메리카노와 라테 모두 훌륭하다. 핸드드립 메뉴는 나무사이로와 로우키에서 로스팅한 섬세하고 아름다운 싱글오리진 커피들을 사용한다. 픽스커피의 또 다른 임팩트는 창작 메뉴. 상하 아이스크림, 바질, 올리브오일과 과육이 함께하는 창작 메뉴 '여름'이 엄청나다. 여름 한정 메뉴라는 점이 아쉽지만, 절대로 후회하지 않을 선택이다.

픽스커피의 본점은 아늑한 동네 사랑방 같고, 공단점은 대형 카페 규모로 시원한 인테리어와 분위기가 쾌적하다.

그러므로커피

픽스커피와 함께 제주시 스페셜티 커피를 상징하는 매장이다. 제주시 구남동의 1호점에 이어 제주수목원 주변에 2호점(그러므로 Part2)을 새롭게 오픈했다. 1호점은 지역 주민들과 단단하게 호흡하고 있고, 그러므로 Part2는 전 제주를 커버하는 매장이다. 제주 도심에서 멀지 않음에도 외곽과 같은 고즈넉함이 있고, 매장 내외부가 매우 아름답다.

추천 커피는 시즈널 아메리카노. 자체적으로 커피를 로스팅하는 그러므로에는 정해진 블렌딩 커피가 없고, 시즌별로 로스터가 선정한 싱글오리진 커피들을 제공하고 있다. 적절한 산미와 밸런스를 내세운 아메리카노가 가장 인기 있고, 에스프레소와 카페라테 모두 훌륭하다. 매장에서 가장 인기 있는 커피는 창작 메뉴 '메리하하'인데, 상온의 우유와 에스프레소 그리고 시럽의 조합이다. 시소커피라는 이름으로 시작한 초기부터 매장을 대표하던 창작 메뉴로, 제주 주민들에게 인기가 많다. 마지막으로, 제철 과일을 활용한 타르트 메뉴들도 훌륭하다. 혹시라도 커피와 분위기에 취해 디저트를 함께하지 못한다면, 나중에 정말 아쉽다.

이외에도 지면 부족으로 아쉽게 소개하지 못했지만, 제주의 유스커피, 커피파인더, 카페이면, 와토커피도 강력하게 추천한다.

8장
비하인드 스페셜티 커피

바리스타 챔피언의 커피

스페셜티 커피 매장을 다니다 보면, 의외로 챔피언들의 커피를 자주 마주치게 된다. 실제로 커피 업계에서는 한국바리스타챔피언십KNBC이나 한국브루어스컵챔피언십KBrC, 한국커피로스팅챔피언십KCRC을 비롯해 커피를 평가하는[커핑] 대회인 한국컵테이스터스챔피언십KCTC까지, 우승자들이 활발하게 활동하고 있다. 해외에서도 블루보틀의 코디네이터로 활약하는 마이클 필립스, 호주 출신 최연소 챔피언 폴 바셋, 영국의 대표적인 커피 업체 스퀘어마일의 제임스 호프먼 같은 월드바리스타챔피언십 우승자들이 스페셜티 커피 산업의 발전을 이끌었다.

여기서는 먼저, 에스프레소를 중심으로 한 한국바리스타챔피언십의 우승자들을 소개한다. 2020년 한국바리스타챔피언십 우승자 파스텔커피의 방현영 바리스타, 한국바리스타챔피언십 3회 우승자 커피그래피티의 이종훈 바리스타, 2020년 월드바리스타챔피언십 우승자 모모스커피의 전주연 바리스타가 최고의 챔피언으로 손꼽힌다.

방현영 챔피언의 파스텔커피

2020년 한국바리스타챔피언십 우승자 방현영 씨는 파스텔커피의 바리스타 겸 로스터다. 방현영 챔피언은 화려한 향미의 커피를 차분하고 따뜻함이 느껴지는 고급스러운 여운으로 아름답게 표현한다. 파스텔에서 인상 깊었던 커피는 챔피언의 블렌딩인 롤리와 싱글오리진인 에스메랄다 자라밀로 시리즈.

롤리 블렌딩은 시즌에 따라 최고의 커피를 조합하고 있는데, 현재는 장미 향이 부드럽게 피어오르는 에티오피아 커피 80%와 강렬한 향미와 질감을 가진 케냐 커피 20%로 구성했다. 아름다운 커피 향, 녹차 같은 편안함과 청정함이 조화를 이루고, 완벽한 생두 선택과 까다롭기로 정평 있는 방현영 챔피언의 로스팅이 섬세하게 녹아 있어 에스프레소뿐만 아니라 브루잉 혹은 핸드드립 커피로 추출해도 훌륭하다. 챔피언이 추천하는 브루잉커피 레시피는 원두 15g을 투입해 커피 230g을 추출하는 것이다. 온수 온도는 92도, 초반 30초의 불림 이후 세 번에 걸쳐서 물을 투입할 것을 권장한다. 투입량이 많지 않음에도 커피 본연의 향미가 아름답게 피어오른다.

싱글오리진 에스메랄다 자라밀로 시리즈는 2020년 세계 대회를 위해 준비한 커피였으나, 코로나 사태로 대회가 연기되는 바람에 일반에 공개되었다. 엄청난 향미가 단계적으로 피어나는 입체감, 부드럽고 자연스러운 애프터와 클린컵이 압도적이었다. 화려한 향미를 이끌어가는 밸런스에 달콤한 맛과 클린컵까지, 2021년 최고의 커피로 손꼽을 수 있다.

장현우 대표의 파스텔커피는 합정역 주변 테이크아웃 전용 1호점에 이어, 2021년 서촌 2호점을 오픈했다. 섬세한 커피와 서비스, 햇살까지 아름답고 정갈한 서촌 매장을 강력하게 추천한다.

이종훈 챔피언의 커피그래피티

이종훈 바리스타는 한국바리스타챔피언십에서 최초로 세 차례 우승했고, 2009년 영국 런던에서 열린 세계 대회에서는 결승 라운드까지 진출해 한국 스타 바리스타의 원조로 불린다. 이종훈 바리스타는 본격 스페셜티 커피 매장인 커피그래피티를 2013년에 시작했다. 이종훈 챔피언은 매장을 창업한 후 로스팅에 전념하여 화려하고 다

STANDART

Oma Gesha 1931

momos

양한 커피를 선보이면서 꾸준히 국내외 다양한 커피 세미나에 참가하고 있으며, 자체적으로 바리스타를 위한 유료 강의도 진행 중이다. 2021년에는 그동안의 경험을 정리해 《커피 품종》이라는 책도 출판했다.

커피그래피티의 특징은 생생한 블렌딩과 화려한 싱글오리진 커피다. 블렌딩 커피는 라벨W, 라벨O, 라벨I로 나뉜다. 라벨W는 수채화Water Color를 지향하는 에티오피아 커피와 같은 맑고 깨끗한 질감의 블렌딩, 라벨O는 유화Oil Painting를 연상시키는 브라질 커피와 같이 진득한 블렌딩, 마지막 라벨I는 이탈리아Italy를 연상시키는 에스프레소에 최적화된 블렌딩이다. 싱글오리진 커피는 에티오피아의 사사바와 고라코네, 파나마 에스메랄다 농장의 마리오, 카바나, 몬타나, 노리아, 파나마 세비지와 같이 장미 향이 강렬하고 초콜릿의 질감이 표현되는 커피를 주로 소개하고 있다.

연남동에 위치한 매장은 커피그래피티의 쇼룸으로, 다양한 종류의 커피들을 맛볼 수 있다. 매장의 추천 커피는 싱글오리진 브루잉 커피. 그중에서도 예멘 커피는 전통적인 현지의 방식으로 제공하고 있다. 전반적으로 커피 가격이 저렴하지 않지만, 부티크 스페셜티 커피 매장으로 강력히 추천한다.

전주연 챔피언의 모모스커피

2007년, 대학 졸업반이던 전주연 씨는 우연한 기회에 부산 온천장역 주변의 테이크아웃 커피 전문점, 모모스커피에서 아르바이트를 시작했다. 당시 모모스커피 이현기 대표의 권유로 정직원으로 전환한 전주연 바리스타는 2018년과 2019년 한국바리스타챔피언십을 2연패한 후 2019년 보스턴에서 열린 월드바리스타챔피언십에서 압도적인 실력으로 한국인 최초로 우승했다. 화려한 커피와 더불어 심사위원과 적극적으로 소통하는 모습은 대회 내내 화제가 되었다. 단맛이 강조된 시드라Sidra 품종의 커피를, 냉각하고 해동하며 질감을 응축시킨 우유와 결합한 시연은 대회 이후에도 세계 커피인들에게 커다란 영향을 끼쳤다.

전주연 바리스타는 커피 본연의 단맛과 바디감을 중요시해 대중의 반응이 매우 좋다. 전주연 바리스타의 추천 커피는 세계적인 커피 농장들과 협업한 '주연 셀렉션'으로, 세계 최고의 커피 농장 데보라를 비롯한 유수의 농장들이 전주연 바리스타의 선택을 기다리고 있다.

여성 바리스타로 과감하게 유리 천장을 뚫어낸 전주연 바리스타 이후, 한국 스페셜티 커피 산업의 위상이 더욱 높아졌다. 최고의 자리에서 소비자들에게 겸손한 전주연 챔피언의 모습은 커피 산업 전체적으로 귀감이 되고 있다. 부산 최고의 커피인에서 한국 최고 바리스타, 세계 최고 바리스타의 위치까지 꿋꿋하게 올라선 전주연 챔피언의 노력 덕분에 한국의 커피 산업 역시 비약적으로 성장하고 있다.

브루잉커피 챔피언의 커피,
로스팅 챔피언의 커피

에스프레소를 중심으로 하는 전통적인 바리스타 챔피언 이외에도 핸드드립을 포함한 브루잉커피 실력을 겨루는 브루어스컵챔피언십, 로스터들이 겨루는 커피로스팅챔피언십의 우승자들이 커피 산업에서 활발하게 활동하고 있다. 2013년 월드브루어스컵챔피언십에서 준우승을 기록한 정인성 바리스타의 룰커피, 한국 로스팅 챔피언의 산실 180커피, 한국 최초로 해외에 진출한 로스팅 챔피언 칼라스커피가 커피인들이 손꼽는 최고의 업체다.

정인성 챔피언의 룰커피

2013년 한국 브루잉커피 챔피언 정인성은 나무사이로커피의 지원을 받아 나인티플러스의 파나마 게이샤 커피로 월드브루어스컵챔피언십에 출전했다. 브루잉 방식은 분쇄한 커피를 뜨거운 물에 침지한 후 필터에 거르는 것으로, 정인성 바리스타는 커피를 물에 담그

는 침지형과 필터를 사용하는 필터식의 장점을 적절히 배합했다. 정인성 바리스타는 압도적인 커피에 어울리는 파격적인 시연으로 한국 브루잉커피 산업 역사상 최고성적인 세계 대회 준우승을 기록했다. 정인성 챔피언은 한동안 바리스타 코치와 교육 활동에 전념하다가 2020년 뒤늦게 본인의 매장 룰커피Love U aLL Coffee를 시작했다. 위치는 예술의전당 주변, 커피를 시작하기 전 첼로를 연주했던 정인성 챔피언에게 익숙한 지역이다.

매장의 추천 커피는 당연히 브루잉(핸드드립) 커피. 가장 인기 있는 브루잉커피는 과테말라 와이칸 커피다. 와이칸은 과테말라 우에우에테낭고 지역의 마야 방언으로 '밤하늘의 빛나는 별'이라는 의미이며, 티피카, 카투라, 카투아이, 파체 품종을 자체적으로 블렌딩한 매크로랏—섬세하게 선별된 마이크로랏 커피의 반대 개념—커피다. 개성이 과도하지 않고 보편적이면서 부드럽다. 룰커피의 또 다른 추천 커피는 에티오피아 커피. 섬세한 장미 향의 에티오피아 커피들이 정인성 바리스타의 브루잉 방식과 잘 어울린다.

정인성 챔피언은 본인의 성과에 비해 겸손하고 소통을 중요시하며 매장을 운영하고 있어 주변의 반응이 항상 긍정적이다. 소규모로 시작한 룰커피는 매장 오픈과 동시에 꾸준히 성장하고 있다. 가급적 매장에 방문해 챔피언의 커피를 직접 마셔보고 취향에 맞는 원두를 구입하기를 권한다. 매장의 분위기가 화려하지는 않지만, 따뜻한 커피와 디저트가 마음을 따스하게 녹인다.

룰커피 주변에 위치한 우상은·조영주 챔피언의 프리퍼커피도 추천한다.

180커피로스터스

180커피로스터스는 한국 커피인들이 최고로 손꼽는 로스팅 챔피언의 본진이다. 180커피의 이승진 대표는 한국커피로스팅챔피언십 초대 챔피언이다. 주성현 본부장은 2017년 대회 우승, 이동형 로스터는 2019년과 2020년 2회 연속 준우승, 임현균 로스터가 2021년에 우승을 차지했다. 수상 실적으로 한국에서 비교할 곳이 없는 압도적인 실력이다.

180커피의 라인업은 밸런스 로스팅과 강배전 로스팅의 투트랙이다. 180커피의 밸런스 로스팅은 향미와 밸런스를 잘 갖추고 있고, 강배전 로스팅 커피는 커피의 단맛과 클린컵을 효율적으로 표현하기 때문이다. 통상적으로 강배전 커피는 저품질의 커피를 사용해서 탄내와 쓴맛이 도드라지는 경우가 많은데, 180커피의 강배전 커피들은 기본적으로 생두의 품질이 훌륭하며, 데이터에 기반한 로스팅 결과물이 안정적이다.

180커피의 추천 커피는 강배전 다크초콜릿 블렌딩과 디카페인 커피. 강배전 다크초콜릿 블렌딩은 개별 커피의 향미가 발현되면서 단맛이 깊은 것이 특징이다. 강하게 볶은 커피이면서 애프터가 깔끔하

COFFEE

LULL COFFEE

180° COFFEE ROASTERS

NOIR BLANC

dsmöger

고, 전문가의 공력이 잘 표현되었다. 밤처럼 달고 고소한 180커피의 디카페인 블렌딩 이름은 '율'이다. 180커피의 '율' 블렌딩은 진득한 쌉쌀함 속에 피어나는 한 떨기 꽃과 같은 향미와 깊은 단맛 속에 버무려진 밸런스가 아름답다. 디카페인 커피 생두를 강하게 볶으면서도 커피의 향미와 임팩트까지 강력하다. 최고의 디카페인 커피라고 해도 부족함이 없다.

180커피의 매장 위치는 성남시 분당구 율동공원 주변. 로스팅 공장의 매장이지만, 의외로 실내 공간도 넓고 주차도 편리하다. 매장을 방문했다면 사이펀 브루잉커피도 마셔볼 것을 추천한다. 서촌 그린마일, 연희동 디폴트밸류와 함께 최고의 사이펀 커피를 마실 수 있는 곳이다.

칼라스커피

칼라스커피의 최민근 로스터는 2015년 한국커피로스팅챔피언십 우승과 더불어 세계 대회 3등이라는, 한국인 로스터로는 역대 최고의 성적을 기록했다.

칼라스커피의 로스팅은 커피의 개성과 다양한 향미를 정교하고 섬세하게 표현한다. 특히 현업 바리스타들이 칼라스의 커피를 좋아하는데, 2019년 한국 브루어스컵 챔피언 정형용 같은 쟁쟁한 바리스타들도 칼라스커피를 강력하게 추천한다.

칼라스의 추천 커피는 와일드 플라워 블렌딩과 에콰도르 얌바미네 농장의 싱글오리진 커피.

우아한 재스민 같은 섬세한 꽃향기와 함께 딸기, 블루베리 잼, 사탕수수의 달콤함을 연상시키는 와일드 플라워는 칼라스를 대표하는 블렌딩이다. 아프리카 커피를 기반으로 향미가 잘 발현되는 커피들로 구성해 섬세한 로스팅 작업으로 마무리했다. 블루보틀의 쓰리아프리카 블렌딩과 구성이 비슷하지만, 객관적으로 칼라스의 블렌딩이 더욱 훌륭하다. 블랙으로 추출할 때는 다즐링 차와 같은 풍미가 있고, 플랫화이트 혹은 카페라테 같은 밀크커피는 딸기 크림치즈와 같은 고소한 단맛이 표현된다.

에콰도르 얌바미네 싱글오리진의 커피 품종은 시드라인데, 전주연 바리스타가 세계 대회에서 사용했던 커피와 동일 품종이다. 얌바미네 농장의 커피는 명확한 과일 향과 진득한 초콜릿, 단맛까지 임팩트가 강렬했다. 향미와 밸런스, 애프터까지, 커피의 양극단을 자유롭게 넘나드는 느낌이다.

칼라스커피는 2020년 한국 스페셜티 커피 업계 최초로 라이프치히(독일)에 해외 지점을 오픈했는데, 스페셜티 커피의 저변이 넓지 않은 독일에서 칼라스커피에 대한 반응이 뜨겁다. 한국 로스팅 챔피언으로 국위선양 중인 칼라스커피를 응원한다.

커피는 원래
빵과 함께 먹습니다

한국 스페셜티 커피의 대형화에는 '빵과 커피'라는 주제가 끼친 영향이 지대하다. 기존의 '커피와 디저트'라는 전통적인 궁합이 최근 들어 '빵집과 커피'의 조합으로 바뀌면서, 전체적으로 스페셜티 커피 매장의 대형화에 기여했다. 스페셜티 커피와 빵의 조합은 프릳츠커피컴퍼니에서 시작해 커피리브레 타임스퀘어로 이어졌고, 어니언이 빵 위주로 전환하면서 커피 업계 전체로 확대되었다.

전문가가 만든 빵과 커피의 조합은 객단가의 상승이라는 결과를 낳기도 했지만, 스페셜티 커피와 담백한 빵의 마리아주는 기대 이상으로 훌륭하다. 다만 커피에 대한 고민 없이 규모만 부풀린 일부 업체들의 모습은 다소 우려스럽다. 귀찮더라도 꼭 전문가의 매장을 방문하기를 추천한다.

프릳츠커피컴퍼니

2014년, 커피인들의 셀레브리티 김병기 그린빈 바이어, 커피 대통령 박근하 바리스타, 김도현 로스터, 전경미 커퍼, 국가대표 파이널리스트 전문 송성만 바리스타가 힘을 모아 공덕동에 프릳츠를 오픈했다. 프릳츠는 훌륭한 커피, 매장 디자인, 힙스터들이 선호하는 매장 분위기까지 크게 화제가 되어 소셜미디어에서의 인기와 실력을 겸비한 매장이 되었다.

프릳츠는 재료를 중요시해 유기농 재료를 사용하고, 시대의 트렌드와 과거의 향수를 반영한 빵의 구성을 선호한다. 셰프와 바리스타가 추천하는 빵은 버터와 밀가루의 풍미를 중요시하는 크루아상, 커피와의 조합이 좋은 올리브 루스틱이다. 최근에는 양재 매장과 원서 매장에서만 판매하는 도넛이 크게 인기를 얻고 있다.

스타 바리스타가 많은 프릳츠의 대표 블렌딩은 서울시네마와 올드독. 서울시네마는 향미에 포인트를 두고 있으며, 올드독은 대중이 선호하는 진득한 단맛의 커피를 지향한다. 프릳츠의 싱글오리진 커피는 코스타리카 에르바주 농장의 커피들이 훌륭하고, 최근 선보인 파나마 데보라 농장의 일루미네이션 게이샤 커피는 감동스럽게 아름답다. 프릳츠의 박근하 바리스타는 한국 바리스타 챔피언 출신으로 커피 추출에 관한 이론이 해박하며, 유튜브 등에서도 활발하게 활동하고 있다.

빵과 커피가 유명한 프릳츠이지만, 커피 관련 디자인 제품들의 창의력도 돋보인다. 레트로 디자인 부분에서 훌륭한 제품들을 제작하고 있다. 커피 잔, 커피 용품, 디자인 제품까지 모두 만족스럽다. 프릳츠는 도화동 매장의 성공 이후 원서점, 양재점을 새로 냈고, 2021년에는 세계적인 아티스트 BTS의 소속사 하이브 내부에도 매장을 추가했다.

COFFEE
COMPANY
DELIVERY

TEA MENU
마스크 착용

COFFEE
COMPANY

LAS LAJAS
PERLA NEGRA
COUNTRY
COSTA RICA
PRODUCER
OSCAR CHACON
TASTING NOTES

커피리브레+오월의종

1919년 3.1운동 이후 인촌 김성수는 지금의 영등포에 한국 최초의 근대 기업 경성방직을 창업했다. 경성방직의 공장 시설은 전쟁과 재개발로 인해 자취를 감추었지만, 1936년에 건축된 사무동은 한국에서 가장 오래된 상업 건물로 지금도 유지되고 있다. 근대 건축물 54호이자 국가등록문화재 135호인 경성방직 사무동의 소유주 경방그룹은 건물의 역사적 가치를 존중해 타임스퀘어 재개발 과정에서 건물을 보전했다. 2015년, 내부 리노베이션을 마친 이 건물에 한국 최고의 스페셜티 커피 업체 커피리브레와 베이커리 오월의종이 협업하는 매장이 문을 열었다.

역사적인 건물에서, 커피리브레와 오월의종 협업 매장은 프릳츠커피와 더불어 커피인과 제빵인이 꼽는 최고의 매장으로 성장했다. 한국의 파인다이닝 요리사들이 가장 선호하는 오월의종 정웅 셰프는 재료의 기본에 충실한 발효 빵, 설탕과 유지방을 자제하는 담백한 빵을 만들어내는데, 양질의 커피와 궁합이 매우 좋다. 오월의종 타임스퀘어의 대표 빵은 복순도가 발효종을 이용한 한국 최초 막걸리 발효 바게트다. 한국에서 가장 많은 종류의 스페셜티 커피를 취급하는 커피리브레는 커피의 본질에 충실한 로스팅을 지향하고 밸런스와 단맛에 기반한 커피를 선보이며 오월의종의 담백한 빵과 훌륭한 조화를 이루고 있다.

매장의 기본 커피는 커피리브레의 최고등급 블렌딩인 배드블러드이며, 한 달에 한 번씩은 컵오브엑설런스의 상위권 커피 및 게이샤 등을 같은 가격에 판매한다. 매장에서는 커피와 함께 원두, 굿즈, 커피 서적 등도 구입할 수 있다. 이외에도 '경방 프로젝트'라는 이름으로 분기별로 전시회를 개최해 독립예술가들이 작품을 전시할 수 있는 공간도 제공한다.

어니언

패브리커 그룹이 아트디렉팅을 하고 브레드공오 강원재 셰프와 협업하는 어니언은 성수동의 빵과 커피를 상징하는 매장으로 성장했으며, 이제는 미아 2호점에 이어 안국 3호점으로 대형화, 전문화하는 데 성공했다. 성수 본점의 커피는 초반 시행착오가 있었지만, 미아점부터 경주의 대표적인 스페셜티 커피 업체 커피플레이스와 협업한 이후 커피 품질이 안정화되었고, 안국점부터는 라우스터프 출신 김준연 로스터가 합류해 어니언만의 독자적인 커피를 선보이고 있다. 어니언 안국은 한옥을 멋지게 개조해 매장 디자인 면에서도 크게 인기를 얻었다.

어니언의 브레드공오는 한국에서 앙버터(팥앙금+버터) 빵의 원조로 알려져 있는데, 원재료를 중요시하고 유제품을 과감하게 사용하는 것을 선호하는 제빵 스타일을 보여준다. 어니언은 최고의 제빵 원료로 알려진 프랑스 비론 밀가루를 사용해 빵과 커피의 궁합이 직선적이다. 앙버터 빵 이외에도 한국적인 맛을 추구하는 허니매생이 빵이 매장에서 인기가 많다.

어니언 안국에서는 기본 블렌딩과 싱글오리진 커피를 선택할 수 있다. 블렌딩은 담백하면서 질감이 좋았고, 시즈널 싱글오리진 케냐 아메리카노는 적절한 향미와 단맛이 골고루 발현되었다. 어니언 커피의 지향점은 차와 같은 커피, 산미가 튀지 않는 부드러운 향미와 단맛, 애프터가 조화로운 커피다. 기본 블렌딩이 훌륭하지만, 상시 비치하는 싱글오리진의 품질도 매우 좋다. 케냐 싱글오리진 커피는 카푸치노 같은 밀크커피와의 궁합에서도 매우 좋은 결과를 보였다.

젊고 실력 있는 바리스타의 커피와 패브리커 그룹의 공간 해석, 오세안 셰프의 빵이 어울려 어니언이 더욱 멋진 매장으로 성장 중이다.

프랜차이즈 커피의
분발

전통적으로 프랜차이즈 커피 업체는 커머셜 커피를 사용하고 대규모 유통을 위주로 해서 커피 맛이 아쉬운 경우가 많다. 물론 스타벅스 같은 프랜차이즈 매장의 일관된 맛, 신속한 서비스, 안정적인 분위기 등은 장점이지만, 상대적으로 아쉬운 커피 품질과 지나치게 강하게 볶은 로스팅이 불편하다는 평가가 많았다.

그러나 최근 들어 전통의 프랜차이즈 커피 업체들도 분발 중이다. 특히 스타벅스, 할리스, 블루보틀, SPC 그룹(파리바게뜨, 커피앳웍스, 파스쿠찌)의 커피들이 눈에 띄는 성과를 보이고 있다. 프랜차이즈 커피의 품질을 확인하기 위해 커피 농도, 수율과 같은 객관적인 수치로 확인했는데, 의미 있는 결과들이 많이 발견되었다.

참고로, 커피의 농도는 1에 가까울수록 마일드하고, 2에 가까울수록 진하게 느껴진다. 수율은 커피의 성분이 커피에 녹아 있는 비율을 의미하는데, 커피의 투입량과 농도를 측정해서 역순으로 계산하며 15~20% 내외가 가장 적절하다. 수율이 과하거나 적으면 커피의 밸런스가 무너진다. 수율이나 농도와 같은 객관적인 수치들이 커피 맛을 보장하지는 않지만, 커피 평가에서 안전장치를 확보하고 지향점을 파악하는 데 도움이 되었다.

스타벅스(베란다 블렌딩과 블론드 아메리카노)

스타벅스는 전 세계 프랜차이즈 커피 산업의 효시이자 전신이다. 아늑한 분위기와 친절한 서비스, 멋진 기획 상품까지 장점이 많지만, 획일화된 시스템과 지나친 독점, 아쉬운 커피 품질, 강배전 방식이 여러모로 아쉬웠다. 최근 들어 스타벅스도 위기의식을 느껴 원재료의 품질이 상승했고, 직원들의 재교육 등을 통해 커피 맛이 꾸준히 좋

R

R
STARBUCKS RESERVE

아지고 있다.

스타벅스에서 가장 인상적인 커피는 베란다 블렌딩과 블론드 아메리카노였다.

베란다 블렌딩은 원두로만 판매하는 커피인데, 약배전한 중남미 커피의 블렌딩이다. 스타벅스의 표현에 따르면, 커피 산지 농부들이 동네 베란다에서 일상처럼 마시는 커피를 지향한다. 스테이크를 생각해보면 레어로 구울수록 재료(고기)의 품질이 상대적으로 좋아야 하듯이, 현지 환경을 반영해 생두를 약하게 볶으면서 베란다 블렌딩의 커피 품질이 많이 개선되었음을 알 수 있다. 전반적인 향미는 부드러운 코코아와 구운 견과류의 우아함과 섬세함과 같다.

매장에서 마실 때는 기존의 커피를 약배전(라이트 로스트)한 블론드 블렌딩으로 마실 수 있다. 블론드 블렌딩은 원두를 별도로 판매하지 않는다. 개인적으로는 블론드 아메리카노가 가장 인상적이었는데, 매장에서 아메리카노를 주문할 경우 추가요금 없이 선택이 가능하다. 기존 로스팅 특유의 탁한 느낌이 없고 청량감까지 좋다. 블론드 아메리카노의 측정 농도는 1.1이다. 마일드한 커피에 가깝지만, 전체적으로 커피의 수율까지 낮다. 약배전 커피를 추출하는 기술이 아직은 아쉬워 보였다. 전통적인 커머셜 프랜차이즈의 한계가 있지만, 변화의 방향이 기운차다.

할리스 커피클럽(과테말라 싱글오리진)

1998년 신세계 소속 신입사원 강훈 씨는 사내 TFT로 한국 스타벅스를 준비했다. 이후 IMF 외환위기로 프로젝트가 중단되자 미련 없이 사직하고 한국 최초의 프랜차이즈, 할리스커피를 창업했다. 강훈 씨는 할리스를 매각한 후 카페베네를 거쳐 망고식스를 창업했고, 동업하던 김도균 씨는 탐앤탐스를 창업했으며, 신세계 소속 동료들은 스타벅스를 한국에 런칭했다. 한국 프랜차이즈 커피의 원조 할리스의 역사에는 한국의 대표적인 프랜차이즈 커피 업체들이 이처럼 직간접적으로 연결되어 있다.

할리스는 꾸준히 성장해왔고, '커피클럽'이라는 브랜드를 통해 한국 프랜차이즈 업체 중에서 가장 발 빠르게 스페셜티 커피를 소개했다. 할리스 커피클럽의 추천 커피는 과테말라 싱글오리진 브루잉커피다. 블렌딩은 매장에 따라 재고가 불안정한 반면, 과테말라 싱글오리진 커피가 여유 있었다.

매장의 브루잉커피는 푸어스테디 자동화 브루잉 머신을 사용하고 있다. 중형차 가격에 육박하는 푸어스테디 머신은 핸드드립과 동일한 방식으로 브루잉커피를 추출하는데, 신속하고 정확하다. 할리스 커피클럽의 과테말라 싱글오리진 드립커피는 상당히 깔끔한 애프터와 스모키한 질감이 인상적이었다. 커피의 농도는 1.25인데, 추출 레시피를 공개하지 않아 수율 계산이 불가능했다. 스페셜티 커피 업체

PASCUCCI

들처럼 정보 공개가 원활하지 않다는 점이 조금 아쉽지만, 한국형 프랜차이즈 커피의 원조라는 점에서 의미가 있다.

블루보틀커피

블루보틀커피는 스페셜티 커피 업체이지만, 한국에서 프랜차이즈와 비슷하게 운영되기에 추천 커피의 의미로 포함했다.

블루보틀의 대표적인 블렌딩은 쓰리 아프리칸, 벨라 도노반, 자이언트 스텝이다. 세 종류의 아프리카 커피로 구성한 쓰리 아프리칸 블렌딩은 과일 향과 산미가 가장 강하고, 벨라 도노반은 적절한 산미와 견과류의 고소함이 밸런스를 이루고 있다. 자이언트 스텝은 다른 블렌딩에 비해 무게감이 있다. 추천 커피는 벨라 도노반 블렌딩이다. 벨라 도노반은 꽃향기의 에티오피아 커피와 쿠키를 연상시키는 질감의 인도네시아 커피로 궁합을 맞추어 구성했다.

블루보틀의 레시피는 원두 30g을 투입해 커피 310g을 추출하는 것으로, 측정 농도는 1.9, 추출 수율은 18%다. 커피의 진득한 질감을 강조한 추출이었다. 수율을 계산하면 스타벅스 시그니처 블렌딩 커피와 비슷하지만, 향미와 질감의 전체적인 밸런스가 좋다.

블루보틀 성수 본점, 삼청점, 광화문점, 역삼점의 커피를 확인했는데, 측정 결과가 일관될 뿐 아니라 커피 추출 레시피를 포함한 자세한 정보를 소비자들에게 가장 적극적으로 안내했다. 한국의 스페셜티 커피 산업에 커다란 영향을 준 블루보틀의 발전에는 바리스타들의 전문성, 환대 그리고 개방성이 큰 역할을 하고 있다.

SPC 그룹(파리바게뜨, 커피앳웍스, 파스쿠찌)

파리바게뜨의 시그니처70 블렌딩 커피가 커피 전문가들 사이에서 크게 화제가 되었다. 대기업 베이커리 프랜차이즈 파리바게뜨가 국제적으로 엄격한 기준과 위생 과정까지 통과해 자체적으로 배양한 효모를 사용해 콜롬비아의 세계적인 농장 엘파라이소에서 특수 가공한 커피이기 때문이다. 기존의 스페셜티 커피 회사들도 시도하지 못한 일을 프랜차이즈 업체에서 세계 최초로 성공했다. 블렌딩을 통해서 일부만 들어간 것이라는 점은 아쉽지만, 적절한 향미와 견과류의 고소함, 초콜릿과 같은 매끄러운 질감까지 상당히 인상적인 커피다. 개인적으로 프랜차이즈 업계 최고의 가성비로 꼽을 수 있다. 파리바게뜨의 엘파라이소 효모 커피가 궁금하면, SPC 그룹의 스페셜티 커피 직영 매장인 커피앳웍스의 싱글오리진 커피로 마셔볼 수 있다. 엘파라이소 싱글오리진은 마일드한 산미에 서양배와 시나몬 같은 향미가 부드럽다.

SPC 그룹은 수많은 스페셜티 커피 전문가들을 개발자로 영입하는 등, 현재 한국의 프랜차이즈 그룹에서 가장 활발하게 움직이고 있다. 대기업 조직임에도 불구하고, 최근 들어 파리바게뜨, 커피앳웍스에 이어 파스쿠찌까지 발전 속도가 남다르다. 파스쿠찌는 이탈리아 밀라노에서 들여오는 커피를 강배전 블렌딩에서 골든색 블렌딩으로 교체하면서 품질을 대폭 개선했고, 한국 최고의 김사홍 바리스타와 협업을 시도하는 등 여러 노력을 기울이고 있어 향후 더욱 품질이 좋아질 것으로 기대된다.

나가며

스페셜티 커피의 아름다움에 관하여

스페셜티 커피 산업은 코로나 시국에도 성장하고 있어 다양한 분야에서 벤치마킹을 위해 연구를 진행하고 있다. 그동안 수많은 자료들을 찾고 확인하던 시간들과 한 잔의 커피를 위해 다녀왔던 수많은 장소들까지 스페셜티 커피에 얽힌 추억이 한가득인데, 가능하면 모든 이야기를 책에 담아보려 노력했다. 독자들에게 이 노력이 가 닿기를 바랄 뿐이다.

마지막으로, 스페셜티 커피가 나에게 주는 의미와 개인적인 정의를 간단히 정리했다.

아름다운 향미

스페셜티 커피의 가장 큰 특징은 과일, 꽃, 초콜릿, 캐러멜과 같은 다양하고 아름다운 향미다. 예를 들어, 세계 최고가격을 꾸준히 경신하는 파나마 게이샤 커피는 고대신화 속의 음료 넥타르를 연상시키는 화사한 복숭아 향과 단맛이 아름답게 조화를 이루고 있다. 아프리카 케냐 커피는 샴페인의 청량함을 연상시키는 자몽 같은 과일의 스파클링한 풍미를 느끼게 한다. 마이크로밀의 선구자 코스타리카의 커피들은 파슬리를 연상시키는 상큼한 산미로 매혹시킨다. 아시아 커피의 보고, 인도네시아의 케린키 커피는 조청 같은 단맛과 선명한 산미가 중첩된 풍미를 가지고 있다.

진득한 질감

아름다운 향미와 함께, 스페셜티 커피의 특징은 진득한 질감과 단맛의 적절한 균형이다. 커피의 산미에 대해서는 강렬한 개성만큼 호불호가 엇갈리지만, 단맛과 질감의 조화는 누구에게나 매력적이다. 과테말라 인헤르토 농장의 커피는 고지대 커피의 산미를 가지고 있으면서 특유의 묵직한 질감이 조화되어 커피의 단맛을 입체감 있게 표현한다. 저지대의 브라질이나 인도 커피는 토질의 특징이 발현되는 질감과 단맛이 조화될 경우 상당히 매력적이다. 모모스커피의 전주연 바리스타는 질감과 단맛에 무게를 둔 커피를 선택해 월드바리스타챔피언십에서 당당히 우승했다. 전주연 바리스타의 우승 이후 세계적인 스페셜티 커피 업체들이 질감과 단맛의 비중을 더욱 높였다는 후문이 있다.

전문가를 존중하는 문화

커피 본연의 맛과 향미가 스페셜티 커피의 특징이라면, 오늘날 스페셜티 커피 산업을 발전시킨 원동력은 끊임없는 도전을 반복한 커피인들의 노력이다. 이전까지 전통적인 커피 산업이 투기자본과 시스템을 통해 일괄적으로 운영되었다면, 스페셜티 커피 산업에서는 전문가들의 역량을 존중하는 문화가 초기부터 정착되었다.

수세식 가공 커피와 자연건조식 커피의 차이를 소개한 최초의 미국 출신 챔피언 마이클 필립스, 세계 최고의 향미 전문가 팀 웬델보, 바리스타에서 유튜버로 거듭나고 있는 제임스 호프먼, 한국 스페셜티 커피 산업의 원조 서필훈 같은 수많은 전문가들 덕분에 스페셜티 커피 산업은 꾸준히 발전하면서 대중과 함께 호흡하고 있다.

스페셜티 커피의 가장 커다란 매력은 수많은 커피인들의 다양한 노력이 즉각적으로 결과로 발현될 수 있다는 것 아닐까.

스페셜티 커피를 위해 전 세계의 커피 산지를 찾아다니고 수많은 난관을 헤쳐온 커피인들의 노력 덕택에, 오늘날 소비자들이 편안하게 커피 산업의 과실을 향유하고 있다. 물론 일부 업체의 얄팍한 상혼과 내실 없는 성장이 아쉽지만, 장기적으로 커피 산업에 긍정적 반면교사가 되리라 생각한다.

한국과 세계의 스페셜티 커피 산업을 소개할 기회를 만들어준 도서출판 따비와 함께 글을 쓴 조원진 작가, 전문적인 지식을 조언해준 커피템플 김사홍 대표, 커피리브레 서필훈 대표, 프릳츠커피컴퍼니 김병기 대표, 나무사이로 배준선 대표, 펠트커피 송대웅 대표, 모모스커피 전주연 대표에게 진심 어린 감사의 마음을 전한다.

마지막으로, 아름다운 커피의 감동을 독자 여러분들과 함께 나눌 수 있어 진심으로 기쁘고 감사하다.

2022년 5월

심재범

국내 도서

《Brewing Change: 로스 메세스 플라코스, 커피 산지의 굶주림》, 릭 페이저, 테라로사, 2013
《교토커피》, 심재범, 디자인이음, 2019
《동경커피》, 심재범, 디자인이음, 2017
《매혹과 잔혹의 커피사》, 마크 팬더그라스트, 정미나 옮김, 을유문화사, 2013
《스페셜티커피: 커피, 기술과 과학》, 브라이언 폴머 외, 최익창 옮김, 서필훈 감수, 커피리브레, 2017
《스페셜티커피대전》, 다구치 마모루, 박이추·유필문·이정기 옮김, 광문각, 2012
《스페셜티 커피 인 서울》, 심재범, BR미디어, 2014
《실용 커피 서적》, 조원진, 따비, 2019
《에스프레소: 전문가를 위한 테크닉》, 데이비드 쇼머, 김이선 옮김, 테라로사, 2011
《에티오피아》, 제프 콜러, 최익창 옮김, 서필훈 감수, 커피리브레, 2019
《열아홉 바리스타, 이야기를 로스팅하다》, 조원진 글·유재철 사진, 따비, 2016
《커피 과학: 커피의 맛과 향은 어디에서 오는가?》, 탄베 유키히로, 윤선해 옮김, 황소자리, 2017
《커피로스팅1》, 스콧 라오, 최익창 옮김, 서필훈 감수, 커피리브레, 2016
《커피로스팅2》, 스콧 라오, 최익창 옮김, 서필훈 감수, 커피리브레, 2020
《커피 바이어: 커피 생두 구매 가이드》, 라이언 브라운, 최익창 옮김, 서필훈 감수, 커피리

브레, 2018
《커피생두》, J. N. 윈트겐스, 최익창 옮김, 서필훈 감수, 커피리브레, 2015
《커피세계사: 한 잔의 커피로 마시는 인류 문명사》, 탄베 유키히로, 윤선해 옮김, 황소자리, 2018
《커피와 와인: 두 세계를 비교하다》, 모튼 숄러, 최익창 옮김, 서필훈 감수, 커피리브레, 2019
《커피의 역사》, 하인리히 에두아르트 야콥, 남덕현 옮김, 자연과생태, 2013
《커피의 정치학: 공정무역 커피의 그 너머의 이야기》, 다이엘 재피, 박진희 옮김, 수북, 2010
《커피 품종》, 이종훈, 연필과머그, 2021

외국 도서

The Physics of Filter Coffee, Jonathan Gagne, Scott Rao Coffee Books, 2021
Drift Magazine Vol. 3~11

온라인 자료

트리시 로스갭의 뉴스레터
https://web.archive.org/web/20031017040518/http://roastersguild.org/052003_norway2.shtml
조너선 골드의 《LA위클리》 칼럼
https://www.laweekly.com/la-mill-the-latest-buzz/
ARABICA COFFEE VARIETIES
https://varieties.worldcoffeeresearch.org/